"十四五"时期国家重点出版物出版专项规划项目

◄农业科普丛书►

牛奶对健康的双重营养功能科普系列

牛奶对健康的双重营养功能概论

郑 楠 王加启 编著

中国农业科学技术出版社

图书在版编目（CIP）数据

牛奶对健康的双重营养功能：概论 / 郑楠，王加启编著 . -- 北京：中国农业科学技术出版社，2021.11

（牛奶对健康的双重营养功能科普系列）

ISBN 978-7-5116-5590-5

Ⅰ.①牛… Ⅱ.①郑…②王… Ⅲ.①牛奶—食品营养 Ⅳ.① R151.3

中国版本图书馆 CIP 数据核字（2021）第 236291 号

责任编辑　金　迪
责任校对　李向荣
责任印制　姜义伟　王思文

出 版 者　中国农业科学技术出版社
　　　　　北京市中关村南大街 12 号　邮编：100081
电　　话　（010）82106625（编辑室）（010）82109702（发行部）
　　　　　（010）82109702（读者服务部）
传　　真　（010）82109194
网　　址　http:// www.castp.cn
经 销 者　各地新华书店
印 刷 者　北京建宏印刷有限公司
开　　本　175 mm×225 mm　1/16
印　　张　4.5　插页 1
字　　数　58 千字
版　　次　2021 年 11 月第 1 版　2021 年 11 月第 1 次印刷
定　　价　38.00 元

━━━━◆ 版权所有·侵权必究 ◆━━━━

《牛奶对健康的双重营养功能——概论》

编著委员会

主 编 著 郑 楠 王加启

副主编著 孟 璐 蔡永康 张养东 刘慧敏
赵圣国

编著人员 （按姓氏笔画排列）
王子微 苏传友 杨 雪 杨丽婷
吴洪亚 何水双 范琳琳 姚倩倩
高亚男 潘永胜

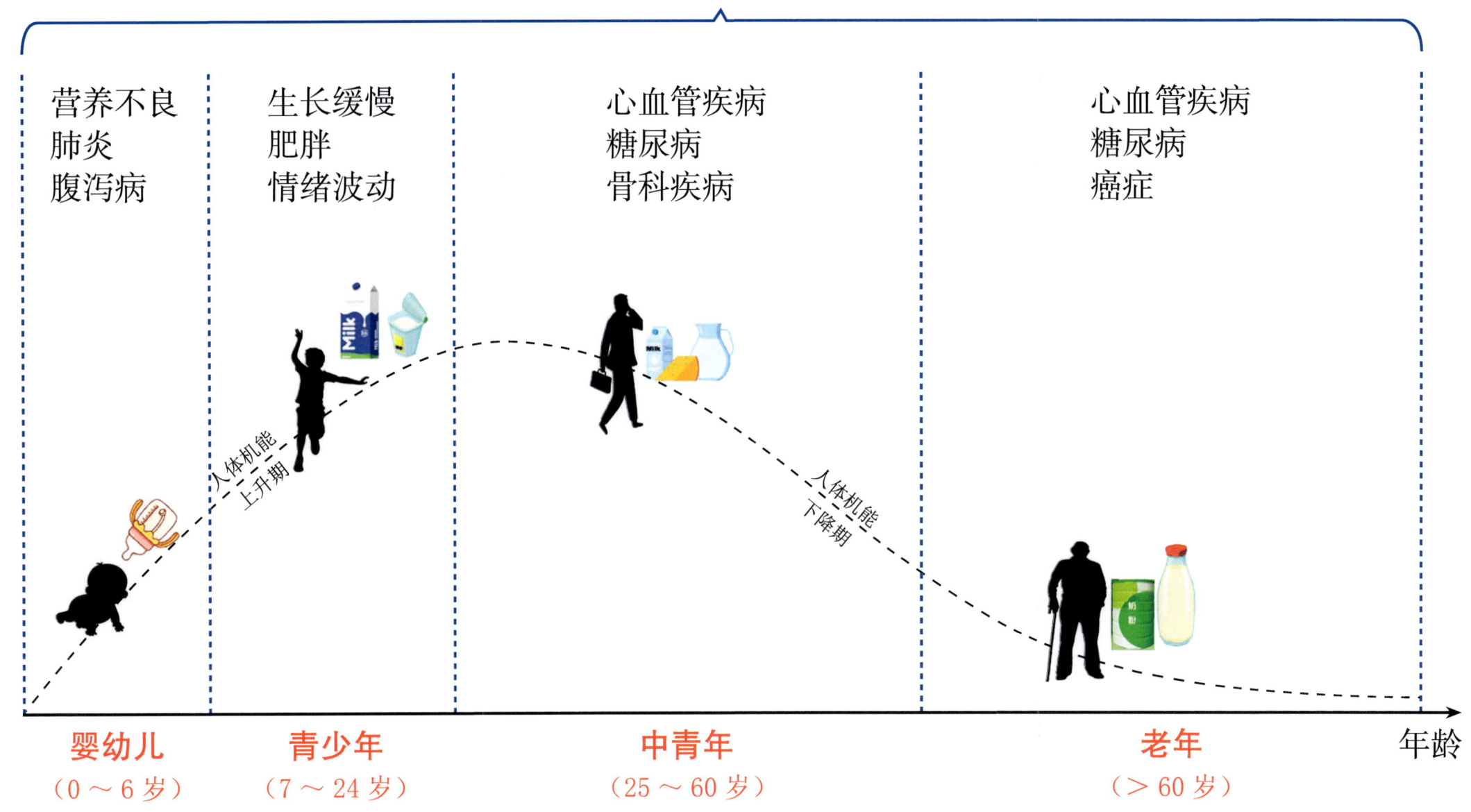

面对新冠肺炎疫情：需要树立奶类具有双重营养功能的新认识

2020年以来的新冠肺炎疫情，比想象的要顽固，这就提醒大家除疫苗研发之外，也要重新审视食物对人体营养健康的重要性。

2020年2月，国家卫生健康委员会在《新型冠状病毒感染的肺炎防治营养膳食指导》中明确提出，尽量保证每人每天至少摄入300 g奶及其制品，以提高人体抵抗力。综合国内外研究结果可以看出，奶类具有"基础营养"与"活性营养"双重营养功能。

2020年，中国研究者率先解析了在全球新冠肺炎疫情流行背景下，奶类对人体营养、免疫与肠道微生物的稳态调节作用（Ren等，2021）；2020年，意大利研究者将奶类中的活性因子——乳铁蛋白添加到新冠肺炎病毒感染患者的食物中，使得感染新冠肺炎病毒的患者的康复期从32天缩短到14天（图1）（Campione等，2020）。

近10年，国际上对奶类的营养功能开展了系统研究，取得了重要进展，揭示了奶类不仅仅具有普通食物的提供能量、脂肪、蛋白质、矿物质等"基础营养"作用，更是发挥着"活性营养"的功能。这是因为奶类含有丰富的活性因子，比如乳铁蛋白、α-乳白蛋白和β-乳球蛋白对肺、结肠、肝、乳腺等部位的肿

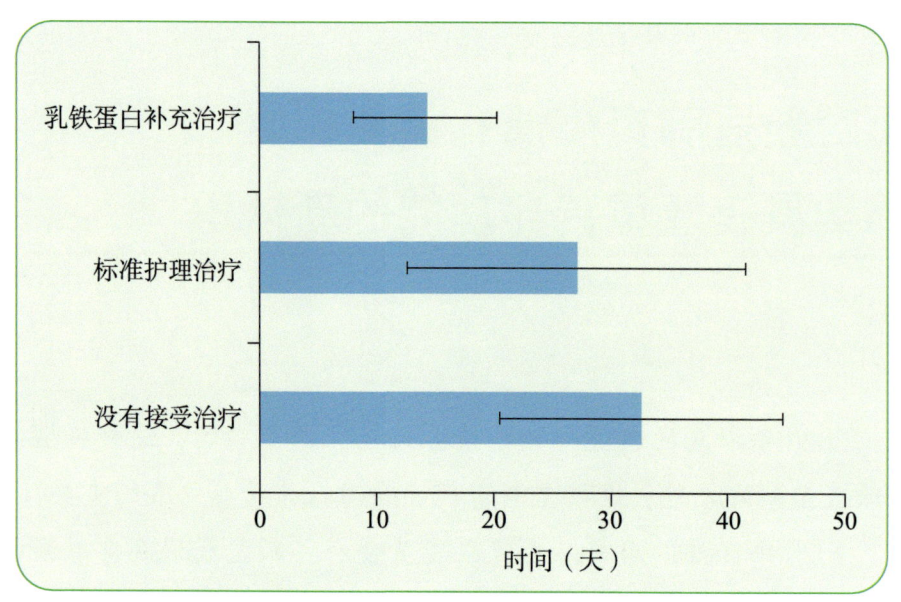

图1 乳铁蛋白膳食补充对感染新冠肺炎病毒患者康复时间的影响（Campione等，2020）

瘤具有抑制作用，并且可以缓解脑中风（Li等，2019，2020）；免疫球蛋白IgG可显著预防人体轮状病毒诱导的腹泻（Inagaki等，2013），并且可与人呼吸道合胞病毒或其他病原体结合，发挥免疫保护的作用（den Hartog等，2014）；乳过氧化物酶可抑制变形链球菌、血链球菌和白色念珠菌的生长（Welk等，2009），抑制肺部炎症细胞的浸润而缓解肺炎症状（Shin等，2005），减少呼吸道疾病的发生（Fischer等，2011）。

因此，在人类与疾病斗争的过程中，不但要发挥奶类的"基础营养"功能，更要充分发挥奶类的"活性营养"功能，树立奶类具有"基础营养"和"活性营养"双重营养功能的科学理念，让奶类为国民营养计划和提高人民生命健康水平发挥更大作用。

目 录

1 全球人群健康状况 ………………………………………… 1

  1.1 不同收入国家人群健康情况 …………………………… 6

    1.1.1 高收入国家 ………………………………………… 6

    1.1.2 中等偏上收入国家 ………………………………… 8

    1.1.3 中等偏下和低收入国家 …………………………… 9

  1.2 不同性别人群健康状况 ………………………………… 14

    1.2.1 男性 ………………………………………………… 14

    1.2.2 女性 ………………………………………………… 16

  1.3 不同年龄段人群健康状况 ……………………………… 17

    1.3.1 年龄划分 …………………………………………… 17

    1.3.2 婴幼儿时期 ………………………………………… 19

    1.3.3 青少年时期 ………………………………………… 20

    1.3.4 中青年时期 ………………………………………… 21

    1.3.5 老年时期 …………………………………………… 21

2 奶类食物对人体健康的影响 ……………………………… 23

  2.1 奶类的基础营养成分 …………………………………… 25

2.1.1 乳糖 ··· 25
2.1.2 乳蛋白 ··· 27
2.1.3 乳脂肪 ··· 27
2.1.4 其他物质 ·· 28
2.2 奶类的活性营养成分 ···································· 30
2.2.1 乳铁蛋白（Lactoferrin）······················ 30
2.2.2 α-乳白蛋白（α-Lactalbumin）············· 32
2.2.3 β-乳球蛋白（β-Lactoglobulin）············ 33
2.2.4 脂肪酸（Fatty acids, FAs）················· 34
2.3 奶类的基础营养对人体健康的影响 ·················· 38
2.3.1 心血管疾病 ······································· 38
2.3.2 骨科疾病 ·· 40
2.3.3 心理健康 ·· 41
2.4 奶类的活性营养对人体健康的影响 ·················· 43
2.4.1 癌症 ·· 43
2.4.2 内分泌疾病 ······································· 43
2.4.3 消化道疾病 ······································· 46
2.4.4 病毒感染 ·· 46

3 小结 ·· **51**

参考文献 ·· **53**

1

全球人群健康状况

牛奶对健康的双重营养功能——概论

党的十八大以来,以习近平同志为核心的党中央,把人民身体健康作为全面建成小康社会的重要内涵,党的十八届五中全会首次提出了推进健康中国建设,由此,健康中国上升为国家战略。2020年9月11日,习近平总书记在科学家座谈会上强调,希望广大科学家和科技工作者肩负起历史责任,坚持面向世界科技前沿、面向经济主战场、面向国家重大需求、面向人民生命健康,不断向科学技术广度和深度进军。因此,要树立大食物、大营养、大健康的理念,把以治病为中心转变为以人民健康为中心,提升全民健康素养。

世界卫生组织（World Health Organization,WHO）指出,不健康的饮食和缺乏体育活动是全球人群主要的健康风险。健康饮食有助于预防所有类型的营养不良以及包括诸如糖尿病、心脏病、中风和癌症在内的非传染性疾病（WHO,2020a）。高质量的饮食能够促进人体健康生长、发育和免疫,能够在一生中预防肥胖和非传染性疾病,从而降低发生各种类型营养不良的风险（WHO,2019）。糖尿病护理和教育专家协会（Association of Diabetes Care and Education Specialists,ADCES）认为,健康饮食是指进食高品质、营养丰富、可改善健康状况的食物。健康的饮食模式包括摄入五颜六色的蔬菜、水果、全谷物、奶制品等,同时将盐、添加糖、饱和脂肪和反式脂肪的摄取量降至最低（ADCES,2020）。由此可见,饮食与健康有着密不可分的关系。

全球人群健康状况 1

从 2000 年到 2016 年，全球人群预期寿命（life expectancy，LE）和健康预期寿命（healthy life expectancy，HLE）都增长了 8% 以上，表明世界人口不仅寿命更长，而且生活更加健康。2000—2019 年，全球人群出生时预期寿命从 66.8 岁增加到 73.3 岁，健康预期寿命从 58.3 岁增加到 63.7 岁（WHO，2020b）。对于中国而言，2019 年人群整体预期寿命为 77.4 岁，健康预期寿命为 68.5 岁。同时，流行病学快速变迁和人口结构变化已经将疾病负担转移到非传染性疾病，特别是在中低收入国家。

伤残调整寿命年（disability adjusted life year，DALY）是指从发病到死亡所损失的全部健康寿命年，包括因早死所致的寿命损失年（years of life lost，YLL）和疾病所致伤残引起的健康寿命损失年（years of lived with disability，YLD）两部分。伤残调整寿命年是生命数量和生命质量以时间为单位的综合度量。根据伤残调整寿命年统计，2019 年所有年龄段中新生儿疾病是排名第 1 位的主要死亡原因，其次为缺血性心脏病（第 2 位）、中风（第 3 位）、下呼吸道感染（第 4 位）、腹泻病（第 5 位）、慢性阻塞性肺病（第 6 位）、道路伤害（第 7 位）、糖尿病（第 8 位）、腰背痛（第 9 位）、先天性缺陷（第 10 位）等。前 10 名的主要病因中有 6 个为非传染性疾病（GBD，2020）。

根据 WHO《全球卫生估计报告》（WHO，2021a）和《前十位死亡原因》（WHO，2020c）的统计，2019 年全球最主要的死亡原因（按死亡总人数排列）：心血管疾病（缺血性心脏病、中风）、呼吸系统疾病（慢性阻塞性肺病、下呼吸道感染）和新生儿疾病（包括出

牛奶对健康的双重营养功能——概论

生窒息和出生创伤、新生儿败血症和感染以及早产并发症）。前十位死亡原因中有 7 个是非传染性疾病，死亡人数合计占全球死亡人数的 73.6%（图 1-1）。

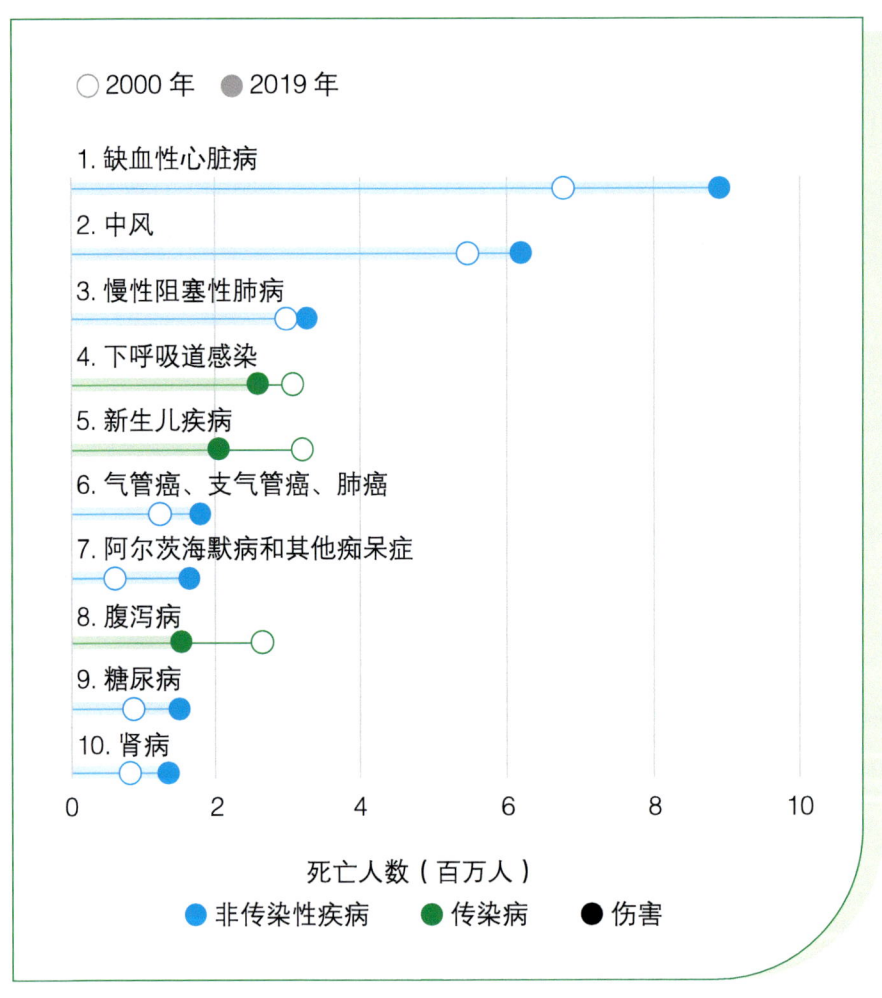

图 1-1　2019 年全球人群主要死亡原因

（资料来源：The top 10 causes of death, WHO, 2020c）

全球人群健康状况 1

目前，全球人类最大杀手是缺血性心脏病，占世界总死亡人数的 16%。中风和慢性阻塞性肺病是第二和第三大死亡原因，分别占总死亡人数的 11% 和 6%。阿尔茨海默病和其他形式的痴呆症在主要死亡原因中位列第 7。另外，自 2000 年以来，糖尿病人增幅高达 70%，已成为第九大死亡原因。

2020 年，新冠肺炎疫情暴发，COVID-19 成为人类的主要死亡原因之一，缺血性心脏病、中风、慢性阻塞性肺病、下呼吸道感染和新生儿疾病的排名仍位居前列（表 1-1）。

表 1-1 2019 年和 2020 年全球人类主要死亡原因

死亡原因	人数（人）	
	2019 年	2020 年
缺血性心脏病	8 880 000	—
中风	6 190 000	—
慢性阻塞性肺病	3 220 000	—
下呼吸道感染	2 590 000	—
新生儿疾病	1 960 000	—
COVID-19	—	1 800 000
气管癌、支气管癌、肺癌	1 760 000	—
阿尔茨海默病和其他痴呆症	1 590 000	—
糖尿病	1 490 000	—
腹泻病	1 450 000	—

资料来源：《全球卫生估计报告》（WHO，2021a）。

牛奶对健康的双重营养功能——概论

1.1 不同收入国家人群健康情况

世界银行根据美元现值人均国民总收入（gross national income，GNI）把全世界经济体划分为四个收入组别，即高收入、中等偏上收入、中等偏下收入和低收入。根据世界银行的划分，中国属于中等偏上收入国家。不同收入国家饮食具有差异性，因此对健康状态产生不同的影响。

1.1.1 高收入国家

在高收入国家，2000—2019年，缺血性心脏病和中风的总死亡人数呈现下降趋势，分别下降了16%和21%，但是两者仍然位居这一收入组别的三大死亡原因之列。阿尔茨海默病和其他痴呆症导致的死亡人数有所增加，已经超过中风，成为第二大死亡原因（图1-2）。

30～70岁的非传染性疾病的死亡率（癌症、心血管疾病、糖尿病和慢性呼吸系统疾病）从2000年的22.9%下降到2019年的17.8%，而高收入国家的非传染性疾病的死亡率下降了30%。在高收入国家，癌症已成为早死的主要原因（年龄标准化"过早"死亡率定义为30～70岁的死亡率）。糖尿病和慢性呼吸系统疾病导致的

全球人群健康状况 1

早死率在 2000—2010 年期间有所下降，但在 2010—2016 年期间有所上升。2019 年，非传染性疾病占高收入国家死亡率的 85% 以上（WHO，2020b，2021a）。

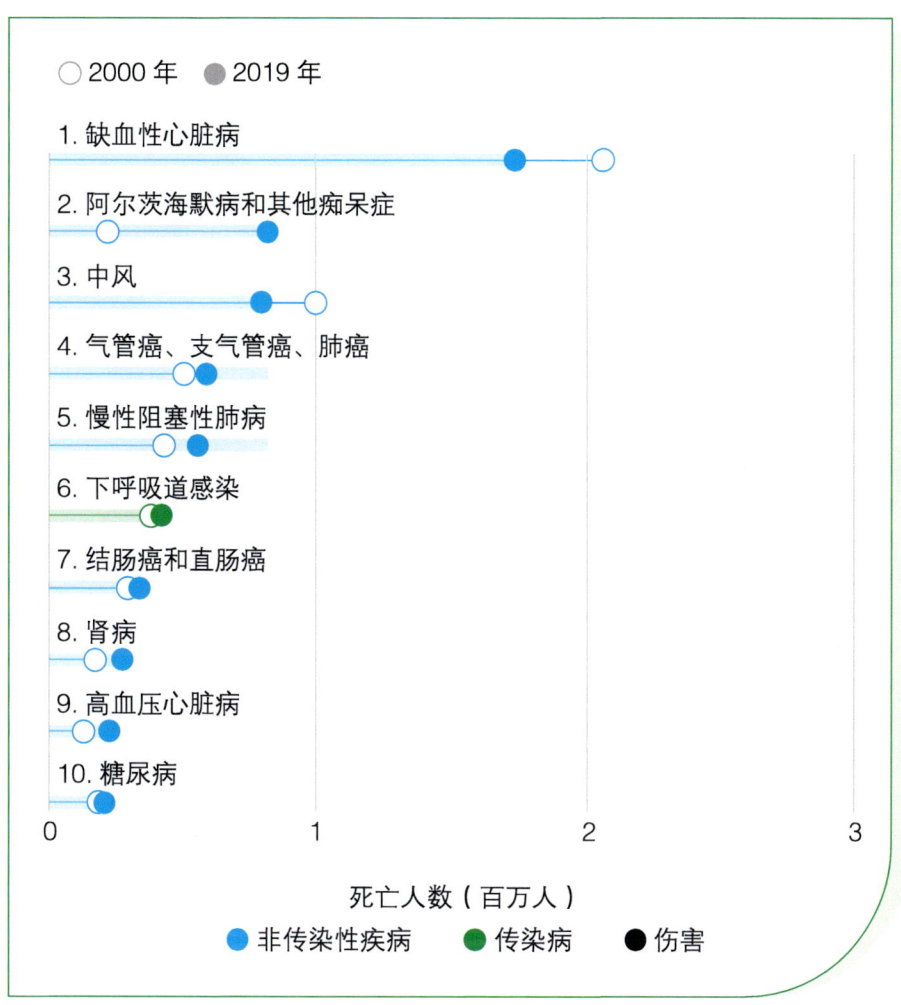

图 1-2　2019 年与 2000 年高收入国家人群主要死亡原因比较

注：世界银行 2020 年收入分类。

（资料来源：The top 10 causes of death，WHO，2020c）

1.1.2 中等偏上收入国家

在中等偏上收入国家中，胃癌的发病率相对较高，位列十大死因第 9 名。2019 年死于缺血性心脏病的人数增加了 120 多万，而死于慢性阻塞性肺病的人数则有比较大的降幅，降至 130 万人（图 1-3）。

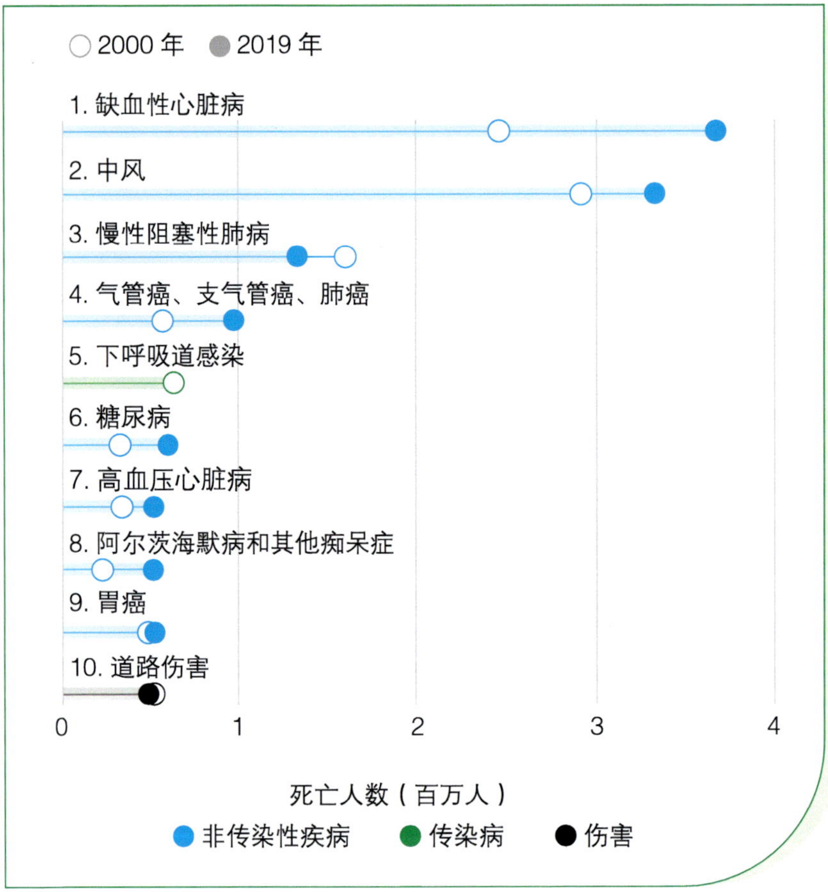

图 1-3　2019 年与 2000 年中等偏上收入国家人群主要死亡原因比较

注：世界银行 2020 年收入分类。

（资料来源：The top 10 causes of death，WHO，2020c）

而肺癌死亡人数显著上升，增加了 41 万余人，是其他 3 个收入组别死亡人数增长总和的 2 倍多（WHO，2020b，2021a）。

1.1.3 中等偏下和低收入国家

在中等偏下和低收入国家中，传染性疾病在十大死因中所占的比例都增大。虽然缺血性心脏病亦是中等偏下收入国家排名第一的死亡原因，但是中等偏下收入国家的十大死因差异最大：5 种非传染性疾病、4 种传染病和 1 种伤害。腹泻病仍是该类国家重要的挑战，并且糖尿病在这个收入组别中是一个呈上升趋势的死亡原因，这种疾病的死亡人数自 2000 年以来几乎翻倍（图 1-4）（WHO，2020b，2021a）。

低收入国家的人死于传染病的可能性远远高于死于非传染性疾病的可能性，2019 年，低收入国家的十大死亡原因中有 6 个是传染病。疟疾、结核病和艾滋病毒/艾滋病死亡率仍然位列前十，腹泻病也排在死亡原因的前 5 位（图 1-5）。另外，与其他收入组别相比，慢性阻塞性肺病导致的死亡在低收入国家尤其少见（WHO，2020b，2021a）。

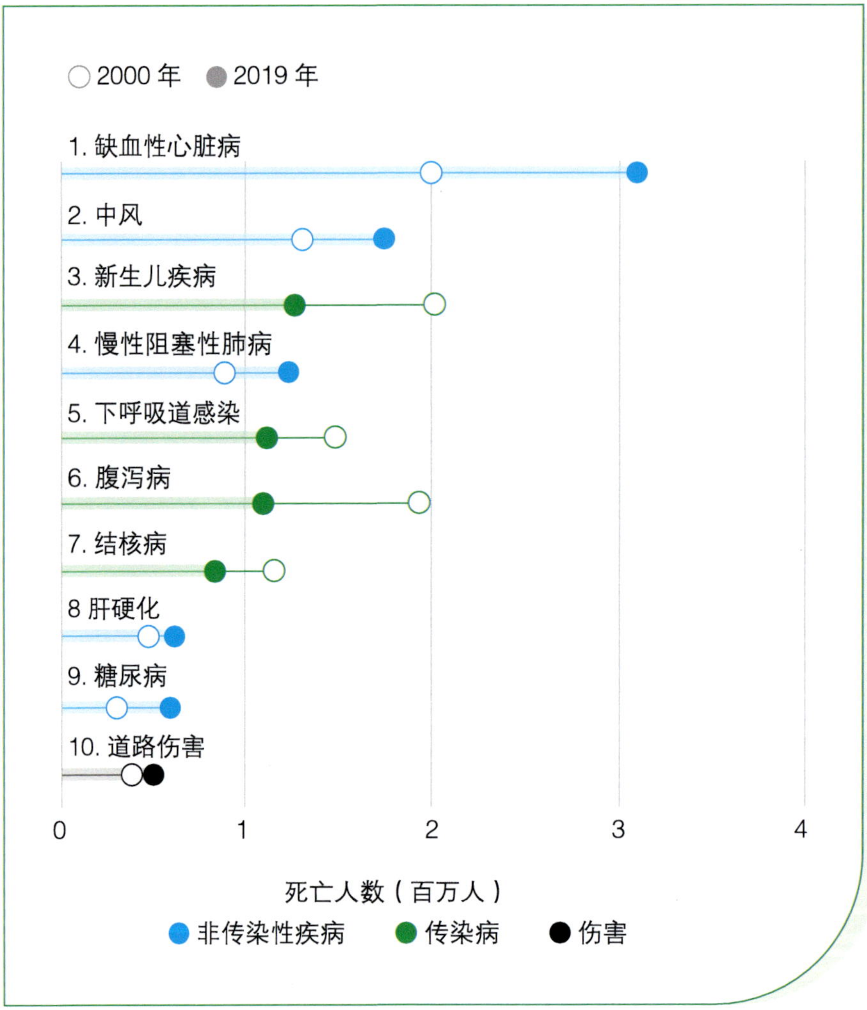

牛奶对健康的双重营养功能——概论

○ 2000 年　● 2019 年

1. 缺血性心脏病
2. 中风
3. 新生儿疾病
4. 慢性阻塞性肺病
5. 下呼吸道感染
6. 腹泻病
7. 结核病
8. 肝硬化
9. 糖尿病
10. 道路伤害

死亡人数（百万人）

● 非传染性疾病　● 传染病　● 伤害

图 1-4　2019 年与 2000 年中等偏下收入国家人群主要死亡原因比较

注：世界银行 2020 年收入分类。

（资料来源：The top 10 causes of death，WHO，2020c）

全球人群健康状况 **1**

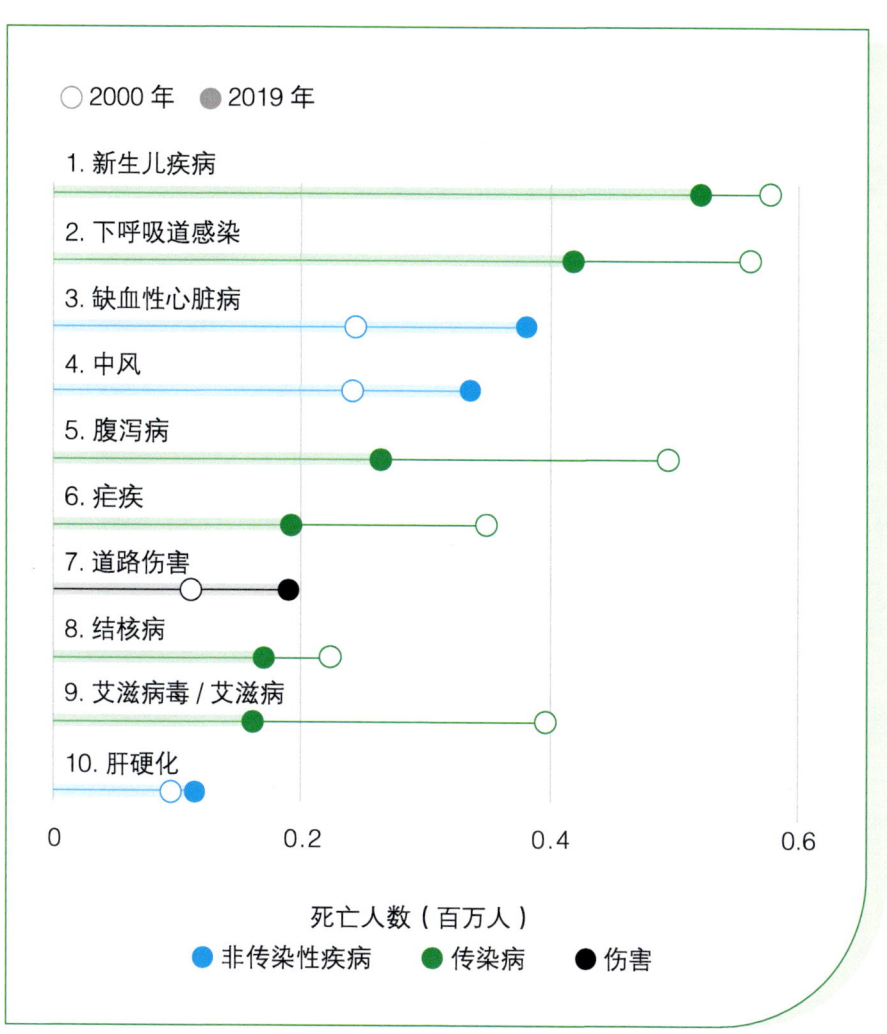

图 1-5　2019 年与 2000 年低收入国家人群主要死亡原因比较

注：世界银行 2020 年收入分类。

（资料来源：The top 10 causes of death, WHO, 2020c）

牛奶对健康的双重营养功能——概论

另外，在中等偏下和低收入国家，心血管疾病是导致早死人数最多的主要非传染性疾病。2016年，非传染性疾病导致的死亡占全球死亡总人数的71%，1 500万早死人群的85%发生在中等偏下收入国家。中等偏下和低收入国家的儿童和妇女营养不良的风险也更高，包括妊娠期发育迟缓、消瘦和贫血（WHO，2020b，2021a）。

综上所述，高等收入国家和中等偏上收入国家中主要死亡原因为非传染性疾病，例如癌症、心血管疾病、糖尿病和慢性呼吸系统疾病；而中等偏下和低收入国家主要的负担来自传染病，包括结核病、艾滋病、疟疾、被忽视的热带病（neglected tropical diseases，NTD）和乙型肝炎等传染病。因此，对于属于中等偏上收入国家的中国，更应该预防非传染性疾病所引发的死亡。

纵观全球，心血管疾病死亡总人数自2000年以来增长了25%，2019年达到1 790万人；癌症死亡人数增长了37%，达到930万人；慢性呼吸道疾病死亡人数增长10%至410万人；糖尿病死亡人数增长72%至200万人（图1-6）（WHO，2021a）。

根据国际癌症研究机构（International Agency for Research on Cancer，IARC）涉及全球185个国家和36种不同的癌症种类的数据统计，全球每5个人中就有1人会在一生之中罹患癌症。在致死率方面，肺癌在2020年所导致的死亡人数最多，占到因癌症去世总人数的18%，其次依次为结肠癌和直肠癌（9.4%）、肝癌（8.3%）、胃癌（7.7%）和女性乳腺癌（6.9%）（IARC，2021）。过量饮酒会增加口腔、咽部、喉部、食道、结直肠、肝和女性乳腺等7个部位的癌症风险。2020年，与饮酒有关的新病例最多的癌症类型是食道癌

(19万例)、肝癌(15.5万例)和女性乳腺癌(9.8万例)(Rumgay等,2021)。因此,不健康的饮食对于人体健康会产生较大的影响。

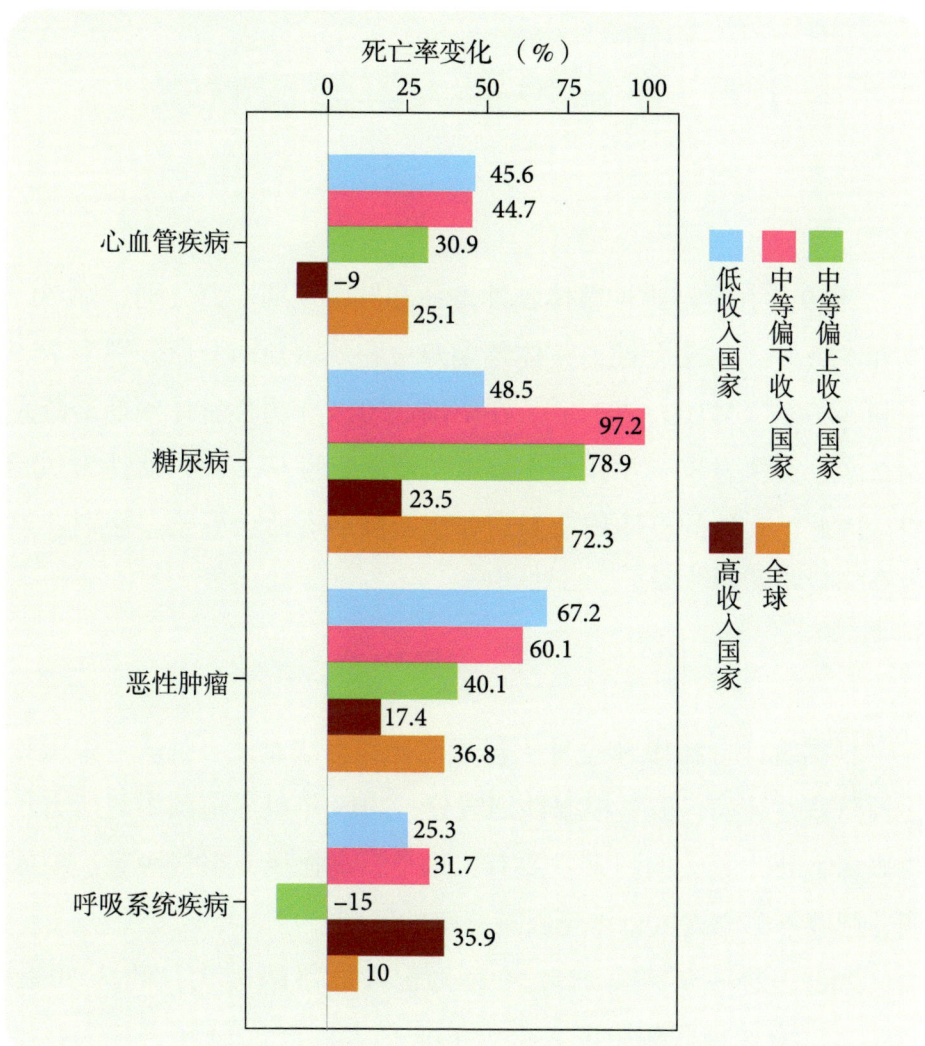

图1-6 2000—2019年世界银行收入组
主要非传染性疾病死亡率的变化

(资料来源:World Health Statistics 2021,WHO,2021a)

牛奶对健康的双重营养功能——概论

1.2 不同性别人群健康状况

2019 年，全球男性整体预期寿命和健康预期寿命分别达到 70.9 岁和 62.5 岁。对于女性，整体预期寿命和健康预期寿命分别为 75.9 岁和 64.9 岁（WHO, 2021a）。在中国，2019 年男性整体预期寿命为 74.7 岁，女性为 80.5 岁；男性健康预期寿命为 67.2 岁，女性为 70.0 岁。因此，女性的整体预期寿命和健康预期寿命会更长。性别差异也会导致疾病的差异。

1.2.1 男性

根据统计，2019 年全球人群主要死因为缺血性心脏病、中风和慢性阻塞性肺病，但是根据性别区分，2019 年世界范围内与所有年龄段男性死亡相关的因素主要有：烟草、高血压、空气污染、糖尿病、肥胖等，与人群总体死因有一定的区别。

2000—2019 年，全球糖尿病死亡人数增幅较大，约为 70%。1980 年，全球糖尿病患者人数为 1.08 亿人，至 2014 年，该人数已达到 4.22 亿人，其中 18 岁以上成人约有 8.5% 患有糖尿病。2019 年，直接死亡人数为 150 万人，其中男性糖尿病死亡人数增加最多，为 80%（WHO, 2021b）。

全球人群健康状况

据估计，2018年全球饮酒人数有23亿人。2016年，有害食用酒精导致全球超过300万人死亡（占死亡总数的5.3%）；男性占酒精相关死亡人群的3/4以上（WHO，2020b）。酒精摄入也会增加患癌症的风险，男性约占由酒精引起的癌症病例总数（56.7万例）的3/4（IARC，2021）。

国际癌症研究机构分析后发现每8名男性之中，就有1人会因癌症去世。在男性患者中，肺癌、前列腺癌、结肠癌和直肠癌以及肝癌较为普遍且致死率较高。

2020年，新冠肺炎疫情也对全球人口的健康产生了影响，成为全球人群主要死亡原因之一。研究机构"全球健康性别平等50/50"（Global Health 50/50）的报告显示，根据已知性别报告来看，截至2021年9月，男性（74 158 240名）和女性（71 355 616名）的感染人数相差不大，但是死亡病例中男性（1 924 045名）比女性的人数（1 474 490名）明显更高（约高1/3）（Global Health 50/50，2021）。这可能是因为男性比女性更常罹患心血管疾病，因病致死的比例也高于女性。

此外，除上述死因外，男性死亡比例在自杀死亡、他杀死亡、意外中毒和道路伤害等原因中也高于女性（WHO，2021a）。究其原因，主要是因为两性对待卫生保健的态度不同，在面临同样疾病时，男性往往比女性更少去求医问药。

但是男性锻炼的比例高于女性，根据统计，2016年，全球18岁以上成年人缺乏身体锻炼（定义为未达到世卫组织建议的每周至少适度活动150 min或与此相当的活动）的年龄标准化患病率为27.5%。女性身体锻炼不足的比例（31.7%）高于男性（23.4%）（Guthold等，2018）。

1.2.2 女性

与男性有所不同，2019年世界范围内与所有年龄女性死亡相关的第一因素是高血压，其余包括糖尿病、空气污染、肥胖、烟草等。高血压是导致心血管疾病的主要原因之一，而心血管疾病等非传染性疾病是年长妇女的最大死亡原因，约占总死亡率的46%。

国际癌症研究机构发现每11名女性之中，就有1人会因癌症去世，低于男性1/8的死亡比例。2020年，女性乳腺癌占到全球新增癌症病例的11.7%，其次为肺癌（11.4%）、结肠癌和直肠癌（10.0%）、前列腺癌（7.3%）和胃癌（5.6%）。在女性患者中最为常见的则是乳腺癌、结肠癌和直肠癌以及肺癌，其中乳腺癌分别占到患病数量的1/4和死亡数量的1/6（IARC，2021）。

据WHO估计，目前有超过5 500万人（65岁以上的人群中，8.1%的女性和5.4%的男性）患有痴呆症。估计这一数字到2030年将上升到7 800万人，到2050年则将达到1.39亿人。相较于其他疾病，受到阿尔茨海默病和其他形式痴呆症影响更大的则是妇女，从全球来看，65%死于该疾病的人是女性。阿尔茨海默病的风险因素之一是低教育水平与低就业率，女性的教育水平往往较低，从而造成阿尔茨海默病患者的增多。阿尔茨海默病早期阶段出现的脑萎缩在女性患者中也发展更快（Hampel等，2018）。另外，女性（5.1%）比男性（3.6%）更易患抑郁症（WHO，2017）。

1.3 不同年龄段人群健康状况

人的一生从胎儿、婴幼儿到老年,会经历不同的成长阶段。不同阶段的人群对于基础营养和活性营养的需求存在差异。

1.3.1 年龄划分

年龄反映着人类生命体的自然属性及其承载的社会蕴含,是评判其社会角色的一个标准。年龄组的划分就是基于生命自然属性而形成的社会规范(罗淳,2017)。

不同国家和组织也会依据不同的认知标准和社会规范对于年龄进行划分,**因此,本书根据普遍划分规则,针对4个不同年龄段阐述奶类基础营养与活性营养共同降低疾病风险,分别为婴幼儿时期(0~6岁)、青少年时期(7~24岁)、中青年时期(25~60岁)和老年时期(>60岁)。**

不同国家和组织对婴幼儿的年龄界定。1989年11月20日,第44届联合国大会通过的《儿童权利公约》(UNICEF,1989),界定的儿童是指18岁以下的任何人。享受儿童权利公约的年龄段在0~18岁。《中华人民共和国未成年人保护法》等法律规定:儿童

牛奶对健康的双重营养功能——概论

是指 0～18 岁。联合国儿童基金会的报告指出，从胚胎到 3 岁这段时期的发展将为儿童一生的健康和学习奠定基础，其重要性不言而喻。在生命的最初几年，大脑发育迅速，每秒钟形成 100 多万个新的神经元连结。婴儿期内，大脑体积翻倍并不断增长，到 3 岁时达到成人期的 80% 左右，到 5 岁时达到成人的 90%，发育几近充分，因此 0～6 岁或者 0～7 岁被称为婴幼儿时期（联合国儿童基金会驻华办事处，2021）。

不同国家和组织对青年的年龄界定。联合国大会将"青年（youth）"定义为年龄介于 15 岁与 24 岁之间（含 15 岁和 24 岁）的那些人，同时提醒区分青少年（13～19 岁）和年轻人（20～24 岁），他们面临的社会学、心理和健康问题可能不同（UN，1981）。WHO 将 20～59 岁定为成年妇女，15～44 岁为育龄妇女。《中国共产主义青年团章程》中规定年龄在 14～28 岁的为青年；《现代汉语词典》中则将青年的含义定为 15、16 岁至 30 岁左右的人。《中长期青年发展规划（2016—2025 年）》中规定青年年龄范围是 14～35 周岁（规划中涉及婚姻、就业、未成年人保护等领域时，年龄界限依据有关法律法规的规定）。

不同国家和组织对中年的年龄界定。中年是介于青壮年和老年之间的阶段。依照《牛津英语词典》的定义，中年是在 45～65 岁的阶段，美国精神医学学会的精神疾病诊断与统计手册（DSM）中将中年定义为 45～65 岁。而著名的心理学家爱利克·埃里克森认为中年开始的时间较早，将中年定义在 40～65 岁，《柯林斯英语词典》将中年定义在 40～60 岁。《现代汉语词典》中定义四五十岁年纪的人为中年，但也提及中年一般指40～65岁，也有指35～55岁。

不同国家和组织对老年的年龄界定。老年，生物学上可以指接近当前时代的预期寿命的年龄。WHO及西方一些发达国家对老年人的定义为60周岁以上的人群，《柯林斯英语词典》中定义为65岁以上的人。《现代汉语词典》中定义六七十岁以上年纪的人为老年。

1.3.2 婴幼儿时期

5岁以下儿童死亡率在2000—2018年期间从每1 000名活产死亡76人（75～78人）降至39人（37～42人），新生儿死亡率从每1 000名活产死亡31人（30～31人）降至18人（17～19人）（UNICEF，2019）。在高收入国家和中等偏上收入国家，儿童死亡率已达到最低水平，5岁以下儿童每1 000名活产死亡人数分别为5人［90%不确定区间（uncertainty interval，UI），5～5］和13人（90%，UI，13～14）。但是营养不良和营养不足继续使数百万儿童更容易患病和死亡。2019年，全球约有1/5（21.3%）的5岁以下儿童发育迟缓，而2000年为1/3（32.4%）。2019年，1/3以上的中等收入和低收入国家面临两种极端的营养不良。幼儿时期营养不足，然后从童年开始体重增加，这种情况增加了患一系列非传染性疾病的风险，使营养不良的双重负担成为新近出现的全球2型糖尿病、高血压、中风和心血管疾病流行的关键因素。负面影响也可能跨代传递，例如，如果母亲幼年时期营养不足，母亲肥胖对儿童患肥胖症的可能性的影响可能会增加（Hawkes等，2020；Nugent等，

2020；Popkin 等，2020；Wells 等，2020）。

2019 年统计的 0～9 岁儿童主要病因：新生儿疾病（第 1 位）、下呼吸道感染（第 2 位）、腹泻病（第 3 位）、先天性缺陷（第 4 位）、疟疾（第 5 位）、脑膜炎（第 6 位）、饮食缺铁（第 7 位）、蛋白质 - 能量营养不良（第 8 位）、百日咳（第 9 位）、性传播感染（在这个年龄段中，基本为先天性梅毒感染，排名第 10 位）（GBD，2020）。同时，儿童超重呈现令人担忧的上升趋势。在全球范围内，2019 年估计有 5.6% 的 5 岁以下儿童（即 3 830 万人）超重，而 2000 年约为 3 030 万人。自 2000 年以来，在中等收入和高收入国家中，5 岁以下儿童超重的比例都有所上升，2019 年中等偏高收入组的这一比例最高（8.8%）（UNICEF，2020；WHO，2020b）。

1.3.3 青少年时期

2019 年统计的 10～24 岁青少年主要病因：道路伤害（第 1 位）、头痛（第 2 位）、自残（第 3 位）、抑郁症（第 4 位）、人际暴力（第 5 位）、焦虑症（第 6 位）、腰背痛（第 7 位）、饮食缺铁（第 8 位）、艾滋病毒 / 艾滋病（第 9 位）、腹泻病（第 10 位）（GBD，2020）。年轻女性容易面临早孕和分娩的额外风险。产妇并发症是 2019 年全球 15～19 岁女性死亡的第二大原因（WHO，2020）。健康指标与评估研究所（IHME）开展的全球疾病负担研究（Global Burden of Disease，GBD）表明，根据伤残调整寿命年的绝对增加值衡量，在过去 30 年，导致全球健康损失的前十名主要原因中，有 4 个原因对青少年时期至老年时期都具有影响：艾滋病毒 / 艾滋病、肌肉骨骼疾病、腰背痛以及抑郁症。

1.3.4　中青年时期

2019年统计的25～49岁中青年主要病因：道路伤害（第1位）、艾滋病毒/艾滋病（第2位）、缺血性心脏病（第3位）、腰背痛（第4位）、头痛（第5位）、抑郁症（第6位）、妇科疾病（第7位）、其他肌肉骨骼疾病（第8位）、中风（第9位）、肺结核（第10位）（GBD，2020）。因此，道路伤害、头痛、艾滋病毒/艾滋病、腰背痛以及抑郁症是2019年中青年的主要健康问题（Global Burden of Disease Cancer Collaboration，2019）。

1.3.5　老年时期

2019年统计的50～74岁年龄段主要病因：缺血性心脏病（第1位）、中风（第2位）、糖尿病（第3位）、慢性阻塞性肺病（第4位）、肺癌（第5位）、腰背痛（第6位）、肝硬化（第7位）、慢性肾病（第8位）、年龄相关性听力损失（第9位）、道路伤害（第10位）。75岁以上年龄段主要病因则有：缺血性心脏病（第1位）、中风（第2位）、慢性阻塞性肺病（第3位）、阿尔茨海默病（第4位）、糖尿病（第5位）、下呼吸道感染（第6位）、肺癌（第7位）、摔伤（第8位）、慢性肾病（第9位）、年龄相关性听力损失（第10位）（GBD，2020）。因此，缺血性心脏病、中风以及糖尿病是50岁和50岁以上人士健康损失的主要原因。根据伤残调整寿命年的绝对增加值衡量，在过去30年，导致全球健康损失的前十名主要原因

牛奶对健康的双重营养功能——概论

中，包括6个主要影响年长人士的原因：缺血性心脏病（在1990年和2019年之间相关的伤残调整寿命年数增加了50%）、糖尿病（增加148%）、中风（增加32%）、慢性肾炎（增加93%）、肺癌（增加69%），以及与年龄有关的听力损失（增加83%）（Global Burden of Disease Cancer Collaboration，2019）。

2 奶类食物对人体健康的影响

牛奶对健康的双重营养功能——概论

2020年6月29日，美国哈佛大学、北卡罗来纳大学教堂山医学院、乔治·华盛顿大学、塔夫茨大学和加拿大卡尔加里大学卡明医学院的多位专家联合在著名权威期刊《英国医学杂志》上发表文章《食物就是药物：将食物和营养整合到医疗保健中的行动》。文章指出，"Food is medicine"的干预措施能够改善健康结果、降低医疗成本。食品和营养干预措施在预防、管理、治疗，甚至在某些情况下在逆转疾病方面都发挥显著作用（Downer等，2020）。由此可见，饮食能够对健康产生深远的影响。

饮食能够将环境和人类健康联系起来，收入增加和城市化正在推动全球饮食转型，其中传统饮食被精制糖、精制脂肪、油和肉类含量较高的饮食所取代。一些饮食转变大大增加了2型糖尿病、冠心病和其他慢性非传染性疾病的发病率，从而降低了全球预期寿命（Tilman和Clark，2014）。下面将主要介绍奶类对人类健康的影响。

2.1 奶类的基础营养成分

奶是哺乳类（包括单孔目）雌性动物（有时为雄性）乳腺的一种分泌物。除婴儿时期获得的母乳之外，牛奶、羊奶、水牛奶、骆驼奶等也成为了人们摄入奶类的来源，其中以牛奶最为普遍。

2.1.1 乳糖

奶是新生哺乳动物在生命早期直至断奶的唯一营养来源。牛奶中含有糖类（乳糖）、蛋白质、脂肪、维生素和矿物质等。其中乳糖（lactose）是大多数哺乳动物乳汁中的主要碳水化合物，因此有理由认为乳糖或组成乳糖的单糖具有某些营养作用。乳糖由一分子葡萄糖和一分子半乳糖通过 β-1,4- 糖苷键连接而成（图 2-1），在小肠内经乳糖酶的水解作用生成葡萄糖和半乳糖，并作为重要营养物质被吸收利用（王加启等，2019）。

乳糖含有天然的有助于婴儿身体成长及智力发育的一种前体物质。在婴幼儿和哺乳动物幼崽的哺乳期，乳糖是其主要的热能来源（赵新淮等，2007）。此外，乳糖可促进钙的吸收（王加启等，2019），因此对于婴幼儿和青少年的生长发育以及所有人群的骨骼健康等都

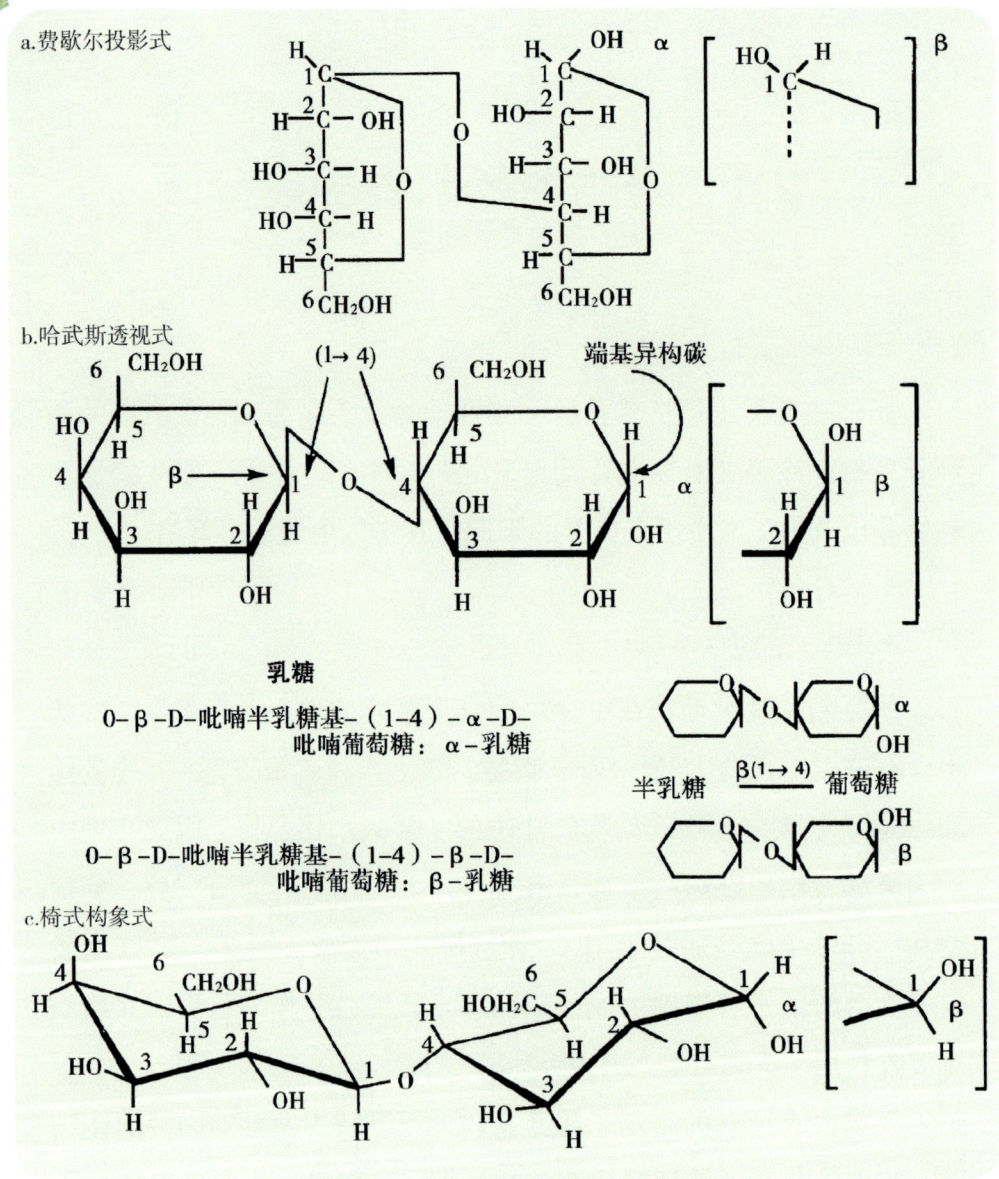

图 2-1 α-乳糖和 β-乳糖的结构式

（资料来源：王加启等，2019）

有一定的促进作用。

2.1.2 乳蛋白

乳蛋白的天然功能是为年轻哺乳动物提供肌肉和其他含蛋白质组织发育所需的必需氨基酸。蛋白质含量反映了该物种新生儿的生长速率，及其对必需氨基酸的需求。已有乳汁数据表明所有物种奶中均包含酪蛋白和乳清蛋白（王加启等，2019）。

蛋白质是人体塑造肌肉以及保持肌肉所必需的一种重要营养成分。牛奶中的乳清蛋白是最优质的蛋白质之一，其具有刺激肌肉蛋白质合成的强大能力。Hidayat等（2018）研究发现补充乳蛋白和阻力训练对老年人的去脂体重有积极影响。与其他蛋白质补充剂相比，使用乳清蛋白的研究对象增加的去脂体重更多。这可能是因为乳清蛋白富含较多的必需氨基酸，特别是亮氨酸，并可被迅速消化吸收。因此，乳蛋白对于人体生长发育及维持正常的生理功能具有重要作用。

2.1.3 乳脂肪

所有哺乳动物的乳汁都含有脂质，但不同物种之间的浓度差异很大，膳食脂质的主要功能是作为新生儿的能量来源。乳脂还有两个重要作用：一是必需脂肪酸（即高等动物体内不能合成的脂肪酸，尤其是亚油酸 C18:2）和脂溶性维生素（维生素A、维生素D、维生素E、维生素K）的来源；二是对奶制品和其他含乳食品风味和流变特性也有重要作用（王加启等，2019）。乳脂肪对人体的益处非常多，所含有的卵磷脂、脑磷脂和神经鞘磷脂对婴幼儿神经发育有益（Brenna 和 Carlson，2014）。儿童在生长发育中也需要脂肪酸和胆固醇。另外，许多饱和脂肪酸和反式脂肪酸可作为食用乳脂的生物标志物，当这些生物标记物结合在一起时，它们可以更好地预测乳脂肪的摄入量。研究发现，生物标志物与某些心血管疾病的危险因素，例如体重、胆固醇和血糖水平之间存在良好的关联，这表明食用奶制品可能对心血管健康产生有利影响（Pranger，2019）。

2.1.4 其他物质

维生素是人体需要的微量有机化学物质，但人体无法合成。奶中还含有生长和维持健康的维生素和矿物质等，如维生素A（视黄醇）、维生素B_2、维生素D、钙、镁等（王加启等，2019）。维生素A活性以视黄醇、视黄酯和胡萝卜素形式存在于奶中，视黄醇的主要膳食来源是奶制品、蛋类和动物肝脏。人类身体能够接受的维生素A摄入量范围很宽，但摄入不足或过量摄入会导致疾病发生。维生素A缺乏会导致夜盲症、干眼症（由眼角膜干燥引起的进行性失明）、角质化（角蛋白在消化道、呼吸道和泌尿生殖道组织中的积累），最终导致衰竭和死亡。而维生素D在体内的主要生理作用是通过促进胃肠道对钙的吸收，促进肾脏对钙的重吸收，促进钙由骨骼向血液的转移来维持血浆钙水平。维生素D与其他维生素、激素和营养素共同配合，在骨矿化过程中发挥作用。此外，维生素D在体内的其他组织，包括大脑和神经系统、肌肉和软骨、胰腺、皮肤、生殖器官和免疫细胞中具有更广泛的生理作用。

牛奶中钙含量与人类生长和骨骼发育密切相关。针对中国 9～10 岁儿童开展的为期 18 个月随机对照试验发现，每日补充 80 g 富含钙的奶粉（1 300 mg 钙）能有效促进骨骼增生（Lau 等，2004）。此外，儿童和青春期时期低牛奶摄入量相关的钙和磷供应不足会导致老年妇女骨质疏松性骨折发生率增加（Kalkwarf 等，2003）。

牛奶对健康的双重营养功能——概论

2.2 奶类的活性营养成分

除了乳糖、乳蛋白、乳脂肪、维生素和矿物质等，奶类中还含有许多具有生物活性的蛋白质，例如免疫球蛋白、维生素结合蛋白和金属结合蛋白以及各种蛋白质激素（Fox 等，2015），以及脂肪酸，包括长链、中链和短链脂肪酸等（王加启等，2019）。

2.2.1 乳铁蛋白（Lactoferrin）

牛奶中的主要乳清蛋白是 α-乳白蛋白、β-乳球蛋白、免疫球蛋白（Ig）、血清白蛋白、乳铁蛋白和溶菌酶。其中主要抗微生物物质是溶菌酶，其次是乳铁蛋白，而人奶中则以乳铁蛋白为主（王加启等，2019）。

乳铁蛋白是转铁蛋白家族的一种高度保守、多效性的铁结合糖蛋白，由分子量约 78 kDa 的一条多肽链组成（Conneely，2001）。乳铁蛋白由腺细胞表达和分泌，存在于大多数体液中（Levay 和 Viljoen，1995）。它在哺乳动物乳汁中的浓度特别高，首先在牛乳中被发现（Sorensen 和 Sorensen，1940），随后从人乳中分离出来（Johanson，1960）。乳铁蛋白与铁的亲和力更高，是具有营养和保健特性的生物活性蛋白质（Baldi 等，2005，王加启等，2019）。

人乳铁蛋白（图 2-2）是一种阳离子糖基化蛋白，由 691 个氨基酸组成（Anderson 等，1990），它们折叠成两个球状叶（80 kDa 双叶糖蛋白）（Vogel，2012），通过 α-螺旋连接（Karav 等，2017；Karav，2018）。而牛乳铁蛋白（图 2-2）与人略有不同，其含有 689 个氨基酸（Moore 等，1997）。

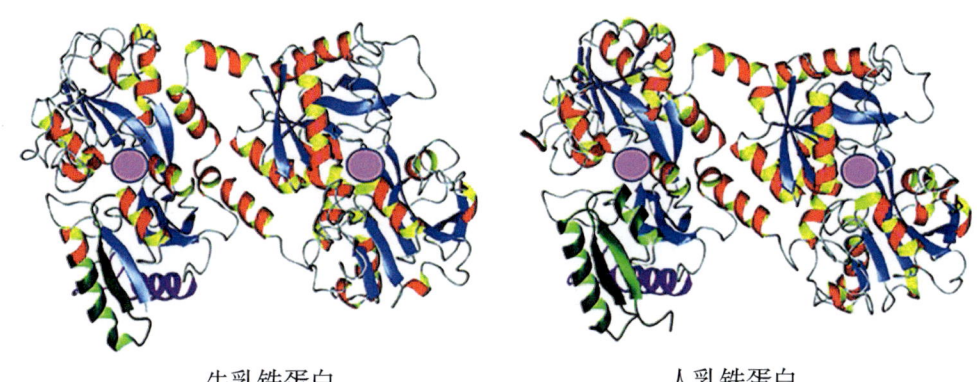

牛乳铁蛋白　　　　　　　人乳铁蛋白

图 2-2　牛乳铁蛋白和人乳铁蛋白结构

（资料来源：Vogel，2012；Kell 等，2020）

自发现以来，乳铁蛋白及其相关肽段被认为是重要的非特异性宿主防御分子，可对抗多种病原体，包括一系列病毒（Bruni 等，2016）。乳铁蛋白是具有营养和保健特性的生物活性蛋白质（Baldi 等，2005）。乳铁蛋白能与铁形成螯合物（螯合铁不能被微生物利用），也可通过其 N 末端与脂多糖结合而使细菌细胞壁透化，从而抑制细菌的生长。乳铁蛋白可与病毒的包膜蛋白紧密结合，从而抑制病毒感染，也可促进胃肠道有益菌群的建立（Baldi 等，2005）。

牛奶对健康的双重营养功能——概论

牛和人乳铁蛋白具有抗病毒活性，并有生长促进作用（Lonnerdal，2003，2013）。因此，目前大多数婴幼儿配方奶粉都强化了乳铁蛋白（王加启等，2019）。

2.2.2　α-乳白蛋白（α-Lactalbumin）

α-乳白蛋白约占牛乳清蛋白的20%（约占总乳蛋白的35%），它是人乳中的主要蛋白质。α-乳白蛋白是一种小蛋白质，分子量约为14 kDa。大多数 α-乳白蛋白，包括人、豚鼠、牛、山羊、骆驼、马和兔的 α-乳白蛋白，均由123个氨基酸残基组成（Nitta 和 Sugai，1989）。天然 α-乳白蛋白由两个结构域组成：一个大的 α-螺旋结构域和一个小的 β-折叠结构域，它们通过钙结合环连接（Permyakov 和 Berliner，2000）（图2-3）。

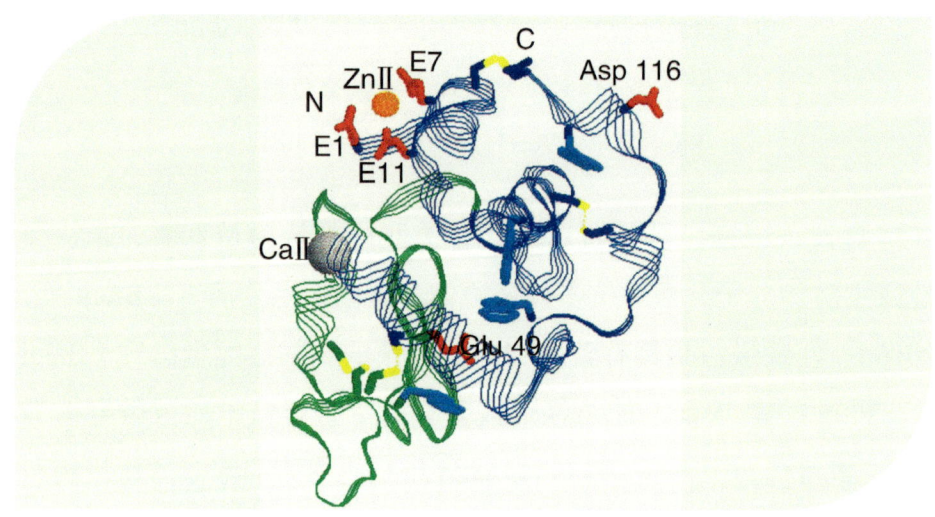

图2-3　α-乳白蛋白结构

（资料来源：Permyakov 和 Berliner，2000）

α-乳白蛋白是乳糖合成酶的组成部分（Permyakov 和 Berliner，2000），因此，其在乳糖合成中能够发挥作用。Zn^{2+} 与 α-乳白蛋白结合可以调节乳糖合成酶功能，但钙与 α-乳白蛋白结合在乳糖合成中的作用仍不清楚（Permyakov 等，1993；Permyakov 和 Berliner，2000）。此外，α-乳白蛋白经胰蛋白酶和胰凝乳蛋白酶水解消化后可产生 3 种具有杀菌特性的多肽。这些多肽大多对革兰氏阳性菌有活性，表明 α-乳白蛋白在被内肽酶部分消化后可能具有抗菌功能（Pellegrini 等，1999）。

2.2.3　β-乳球蛋白（β-Lactoglobulin）

β-乳球蛋白是牛奶中的主要蛋白质，约占总乳清蛋白的 50% 或乳总蛋白的 12%。研究发现 β-乳球蛋白是牛、羊、山羊和水牛奶主要的乳清蛋白，但存在微小的种间差异（王加启等，2019）。β-乳球蛋白是一种小蛋白质，可溶于稀盐溶液，与球蛋白相似，具有 162 个氨基酸残基（图 2-4）（Kontopidis 等，2004）。

β-乳球蛋白是一种脂质运载蛋白，可以结合许多疏水分子，在运输中起作用（Kontopidis 等，2002；2004）。β-乳球蛋白也被证明能够通过铁载体结合铁（Roth-Walter 等，2014），因此可能在对抗病原体方面发挥作用。摄入人体后，β-乳球蛋白能够将复合铁运送到人体免疫细胞中，从而为这些细胞提供微量营养并参与免疫耐受。此外，β-乳球蛋白也具有抗菌和抗氧化活性（Hernandez-Ledesma 等，2008；Power 等，2013）。β-乳球蛋白对引发奶牛乳房炎的金黄色葡萄球菌和链球菌具有抑制作用（Chaneton 等，2011）。

牛奶对健康的双重营养功能——概论

另外，β-乳球蛋白可以通过 IgM 受体促进细胞增殖，在人体增强免疫反应方面发挥着关键作用（Tai 等，2016）。

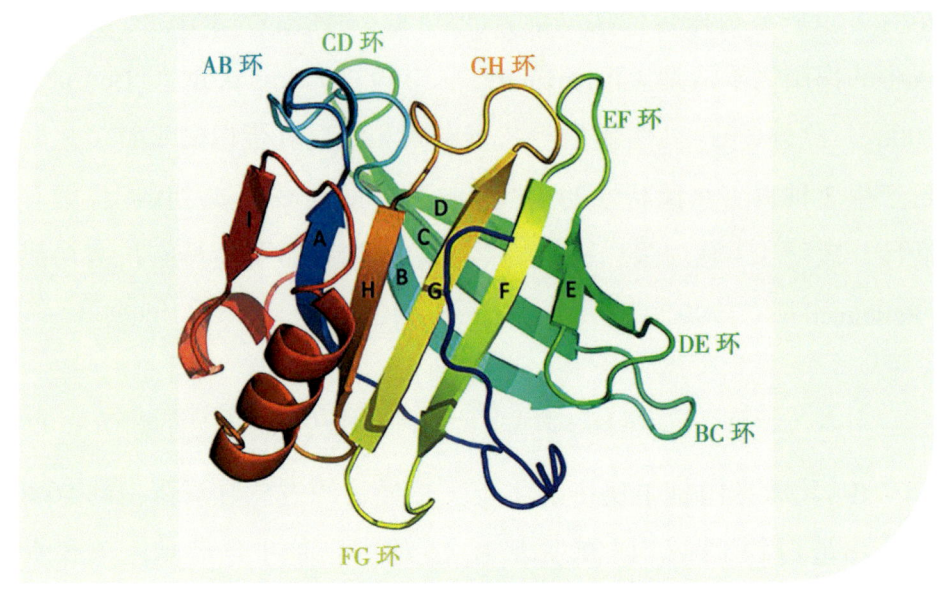

图 2-4　β-乳球蛋白结构

（资料来源：Crowther 等，2016）

2.2.4　脂肪酸（Fatty acids，FAs）

乳脂中的脂肪酸被认为是很大一部分人群饮食的重要营养成分，并显著影响人类健康（Hanus 等，2018）。牛奶脂肪含有大约 400 种不同的脂肪酸，使其成为所有天然脂肪中最复杂的（Jensen，2002；Mansson，2008）。奶牛乳腺中的脂肪酸合成系统产生 4～16 个偶数碳原子的脂肪酸（McGuire 和 Bauman，2003），而某些碳原子数为奇数的脂肪酸，例如十五烷酸（15:0）和十七烷酸（17:0）是由瘤胃中的菌群合成的（German 和 Dillard，2006）。

奶类脂肪酸包括饱和脂肪酸（saturated fatty acids，SFAs）、单不饱和脂肪酸（monounsaturated fatty acids，MUFAs）和多不饱和脂肪酸（polyunsaturated fatty acids，PUFAs）等，但是乳脂中存在争议的主要是饱和脂肪酸，即 C12:0、C14:0 和 C16:0。饱和脂肪酸通常与心血管风险指标（如低密度脂血清中的脂蛋白胆固醇水平）相关（Kromhout 等，2000；Givens，2012），但是目前更多的研究表明只有少数个体脂肪酸会对健康产生负面影响（Simopoulos，2002）。

在正常足月婴儿中，支链脂肪酸（branched chain fatty acids，BCFAs）在消化道管腔上形成保护性生物膜，提供一个独特的生态位，促进健康肠道微生物群的发育。而患有坏死性小肠结肠炎（necrotizing enterocolitis，NEC）的早产儿缺乏支链脂肪酸。研究发现，早产儿母乳中含有支链脂肪酸，其含量占脂肪酸总量的百分比在不同的哺乳期存在显著差异，因此，摄入母乳可降低早产儿坏死性小肠结肠炎的发生率（Jie 等，2018）。

奶类中含有的 omega-3（ω-3）和共轭亚麻酸（conjugated linolenic acids，CLnA）等脂肪酸有可能降低患心血管疾病和其他代谢疾病的风险（Benbrook 等，2018）。很多饮食指南建议人们食用含有高水平 omega-3 多不饱和脂肪酸的食物。Omega-3 多不饱和脂肪酸能够发挥有益作用（Nguyen 等，2019），降低心血管疾病的患病风险（Sanders 等，2006），减慢冠心病患者的动脉粥样硬化进程（Mata Lopez 和 Ortega，2003），减缓癌症的发展，并增加化疗的疗效（Hardman，2002），以及降低神经炎症和维持心理健康（Haag，2003）。其余部分脂肪酸对人类健康的积极影响详见表 2-1。

牛奶对健康的双重营养功能——概论

表 2-1 部分脂肪酸对人类健康的积极影响

脂肪酸	作用	参考文献
C4:0	作为结肠细胞的直接能量来源，对肠道菌群和人体胃肠壁产生有益作用； 阻止大肠癌和乳腺癌进展的因素之一； 在各种人类癌细胞系中抑制细胞生长、促进分化和诱导细胞凋亡； 可能通过对尿激酶的抑制作用阻止肿瘤的侵袭，通过影响免疫细胞迁移、黏附和细胞因子表达，以及影响细胞过程如增殖、激活和凋亡来发挥广泛的抗炎活性	Parodi，1997，1999；Wong 等，2006；Meijer 等，2010；Calder，2015；van der Beek 等，2017
支链脂肪酸（branched chain fatty acids，BCFAs）	BCFA——抗癌活性； BCFA——降低患新生儿坏死性小肠结肠炎的风险； BCFA——改善 β 细胞功能； iso C15:0——抗癌特性	Yang 等，2000；Wongtangtintharn 等，2004；Ran-Ressler 等，2011；Cai 等，2013；Kraft 等，2015
奇数链脂肪酸（odd-chain fatty acids，OCFAs）	降低患冠心病的风险； 降低患 2 型糖尿病的风险	Khaw 等，2012；Forouhi 等，2014
c9, t11 共轭亚油酸（conjugated linoleic acid，CLA），t10, c12 共轭亚油酸	减少肿瘤生长； 降低患冠心病的风险	Jenkins 和 McGuire，2006；Field 等，2009；Kennedy 等，2009；Kennedy 等，2010；Mills 等，2011；Moon，2014；Ferlay 等，2017

续表

脂肪酸	作用	参考文献
油酸（C18:1 c9） α-亚麻酸（C18:3 n-3）	抗癌和抗动脉粥样硬化特性； 对胆固醇水平的积极影响； 改善免疫反应（抗炎作用）	Williams, 2000; Zhao 等, 2004; Haug 等, 2007; Muchenje 等, 2009; Liu 和 Ma, 2014
亚油酸（C18:2 n-6）	提高对胰岛素的敏感性，从而降低 2 型糖尿病的发病率	Arnould 和 Soyeurt, 2009
	对癌细胞增殖和人肿瘤细胞生长的抑制作用（体外）； 在啮齿动物模型（体内）中改变脂质代谢	Destaillats 等, 2005; Lerch 等, 2012
异油酸（C18:1 t11）	对细胞膜的流动性和通透性具有正向的修饰作用，调节其代谢，并可能具有抗癌特性	Allen 等, 2014
花生四烯酸（arachidonic acid, AA） 二十碳五烯酸（eicosapentaenoic acid, EPA）	通过增加高密度脂蛋白胆固醇水平以中和 C12:0、C14:0 和 C16:0； 抗癌、抗高血压和抗炎特性	Parodi, 2009; Butler 等, 2011; Lamarche 等, 2016; Kiczorowska 等, 2017
二十二碳六烯酸（docosahexaenoic acid, DHA）	在缓解阿尔茨海默病期间对脑细胞产生积极影响； 抗癌、抗高血压和抗炎特性	Lukiw 等, 2005; Kiczorowska 等, 2017

资料来源：Hanus 等, 2018。

牛奶对健康的双重营养功能——概论

2.3 奶类的基础营养对人体健康的影响

2.3.1 心血管疾病

很多研究人员开展了奶及奶制品对全因死亡率、冠心病或心血管疾病的前瞻性队列研究。Gholami 等（2017）通过对 8 648 例心血管疾病、11 806 例冠心病和 29 300 例脑卒中病例的 27 项研究进行荟萃分析，发现总奶制品摄入量能将心血管疾病风险降低 10%[相对风险度（relative risk，RR）=0.90，95% 置信区间（confidence interval，CI）：0.81～0.99]，并且对中风有保护作用（RR=0.88，95% CI：0.82～0.95）。Guo 等（2017）对总（高脂/低脂）奶制品、奶、发酵奶制品、奶酪和酸奶等 29 项队列研究进行了随机效应荟萃分析，包括 938 465 名参与者和 93 158 名死亡、28 419 名冠心病和 25 416 名心血管疾病病例，发现总发酵奶制品（包括酸奶制品、奶酪或酸奶；20 g/天）与死亡率（RR=0.98，95% CI：0.97～0.99；$I2 = 94.4\%$）和心血管疾病风险（RR=0.98，95% CI：0.97～0.99；$I2 = 87.5\%$）之间呈负相关。另外，每天食用 10 g 奶酪的人群患心血管疾病的风险降低 2%（RR=0.98，95% CI：0.95～1.00；$I2 = $

82.6%）。

Zhang 等（2020）针对发酵奶制品摄入量与心血管疾病的关系进行了荟萃分析。通过在 PubMed 和中国知网（CNKI）数据库中搜索了 1980—2018 年期间发表的所有关于发酵奶制品摄入量与心血管疾病风险之间关联的文章，筛选出了 10 项研究符合本研究的纳入标准，包括 385 122 名参与者、1 392 名心肌梗死、4 490 名冠心病、7 078 名中风和 51 707 名未分类的心血管疾病病例。总体而言，发酵奶制品的摄入量与降低心血管疾病风险的统计证据显著相关 [优势比（OR）= 0.83，95% CI：0.76～0.91]。在亚组分析中，奶酪和酸奶的消费与心血管疾病风险降低相关（奶酪的 OR = 0.87，95% CI：0.80～0.94；酸奶的 OR = 0.78，95% CI：0.67～0.89）。

Dehghan 等（2018）发表了一项耗时 15 年、涉及五大洲 21 个国家 13 万余人的奶制品摄入量与人类疾病关系的队列研究。该研究根据总奶制品的摄入情况将参与者分成四组，分别为无奶制品摄入、每日摄入少于 1 份标准食用量、每日摄入 1～2 份标准食用量和每日摄入超过 2 份标准食用量。研究发现：①与不摄入任何奶制品组相比，每日摄入 2 份标准食用量以上总奶制品（牛奶/酸奶为 488 g，奶酪为 30 g）的人群总死亡率显著降低 17%，心血管疾病死亡率显著降低 23%，主要心血管疾病发生率显著降低 22%，中风发生率显著降低 34%。②与不摄入任何奶制品组相比，每日摄入 1 份牛奶（244 g）能够显著降低主要心血管疾病的发生率（18%）；每日摄入 1 份酸奶（244 g）亦能够显著降低总死亡率（17%）和主要心血管疾病的发生率（10%）。③在仅食用全脂奶制品（牛奶、酸奶或奶酪)的人群中,每天服用 >2 份标准食用量同每天 <0.5 份相比,总奶制品摄入量的增加能够显著降低总死亡率(25%)和主要心血管疾病的风险(32%);但是食用全脂和低脂混合奶制品的人群中,每天服用 >2 份标准食用量与每天 <0.5 份相比,总奶制品消费量的增加只能在整体趋势上降低 14% 的总死亡率和 19% 的主要心血管疾病风险。④中风和高血压在中国都是比较常见的疾病,增加奶制品的摄入量可能减少这两种疾病的患病风险。

2.3.2 骨科疾病

骨质疏松性或脆性骨折影响了 50 岁以上女性和 1/5 男性的健康。这些事件与大量发病率、死亡率增加和生活质量下降有关。预防脆性骨折推荐的一般措施包括均衡饮食,摄入最佳蛋白质、钙及充足的维生素 D,以及定期进行负重体育锻炼。骨矿物质密度、微观结构估计的骨强度以及小梁和皮质微观结构与总蛋白质摄入量呈正相关。几项研究表明,只要钙供应充足,膳食蛋白质摄入量越高,骨折风险可能性越低。奶制品是钙和维生素 D 这两种营养素的宝贵来源。欧洲科学家评估了维生素 D 强化奶制品对 60 岁以上法国普通人群影响,将人群分为女性和男性的 3 个年龄段(60～69 岁、70～79 岁和 >80 岁),发现 60 岁以上按照推荐摄入量食用奶制品人群的终生骨折总数减少了 64 932 例,其中女性和男性分别减少 46 472 例和 18 460 例,特别是女性和男性可以预防 15 087 例和 4 413 例髋部骨折(Hiligsmann 等,2017)。针对美国 80 600 名绝经后女性和 43 306 名 50 岁以上男性进行了长达 32 年的随访,发现每天食用一份（240 mL）牛奶可显著降低 8% 的男性和女性的髋部骨折风险（RR = 0.92，95% CI：0.87 ～ 0.97）。男性和女性每天摄入的奶制品总量（其中牛奶约占一半）能够显著降低 6% 的髋部骨折风险（RR = 0.94，95% CI：0.90 ～ 0.98）（Feskanich 等，2018）。因此，奶制品消费者的髋部骨折风险较低（Rizzoli 等，2021）。一项对 746 名（65.0±1.4）岁的白人女性进行的横断面研究中发现，动物和奶制品蛋白质的摄入对骨骼强度和微观结构存在有益影响（Durosier-Izart 等，2017）。奶制品不仅对中老年骨骼产生益处，也会对儿童和青少年健康发挥作用。针对截至 2016 年 12 月的 15 项研究开展荟萃分析，发现奶制品消费对儿童和青少年骨骼结构的影响显著，食用奶制品 16 个月后骨矿物质密度平均增加 8%。因此，系统地食用奶制品可能有益于儿童和青少年骨骼结构和发育（Kouvelioti 等，2017）。Josse 等（2020）研究了接受 12 周增加奶制品摄入量的饮食和运动干预的超重/肥胖少女中，骨骼相关生化标志物水平的变化，通过 35 名女孩的数据表明，与摄入少量或不摄入奶制品的组相比，摄入足量奶制品组的骨吸收在干预期间显著降低。骨吸收的变化与研究期间消耗的平均奶制品数量呈负相关。因此，建议青春期女性每天摄入 3 ～ 4 份混合奶制品可以改善超重/肥胖少女的骨骼健康，并改善其 BMI 百分位数和营养摄入量。

2.3.3　心理健康

除了身体健康，奶制品与认知能力和心理健康的关系也受到了诸多的关注。2011—2015 年研究者在加拿大社区老年人中开展老

牛奶对健康的双重营养功能——概论

龄化纵向研究，通过总奶制品摄入量和特定奶制品摄入量与3个认知领域（执行功能、记忆力和精神运动速度）表现之间的横断面关联，发现在7 945名参与者（65～86岁，49%女性，97%白种人）中，平均奶制品摄入量为1.9（1.1）次/天。奶制品、奶酪和低脂奶制品的总摄入量与执行功能域，以及酸奶摄入量与记忆域呈正相关（所有$P < 0.05$）；奶制品、奶酪和低脂奶制品的总摄入量与语言流畅性显著相关（所有$P < 0.05$）。与摄入量较少的人相比，奶制品摄入量>2.5次/天的参与者得分更高。因此，奶制品成分在执行语言流畅性和记忆中起到了特定作用。针对心理健康，通过病例对照研究、横断面研究和队列研究等，不同奶制品类型、性别或人群的抑郁风险混合关联研究也在不同国家和地区开展（Hockey等，2020）。一项在1 159名19～83岁的日本成年人的横断面研究表明，将不食用低脂奶制品与中度（每周1～3次）和高（≥4次/周）频率食用低脂奶制品的抑郁症状发生率的优势比和95%置信区间进行比较，分别为0.96（0.71，1.30）和0.51（0.35，0.77）（趋势$P= 0.004$）。因此，较高频率的低脂奶制品消费可能与较低的抑郁症患病率有关（Cui等，2017）。

2.4 奶类的活性营养对人体健康的影响

2.4.1 癌症

Zhang 等（2019）也针对发酵奶制品与癌症的关系进行了荟萃分析。通过 PubMed、Embase 和中国知网数据库搜索了截至2018年7月的所有关于发酵奶制品摄入量与癌症风险之间关联的可用研究，筛选出 61 项研究，共有 1 962 774 名参与者和 38 358 例癌症病例。在队列研究中发现癌症风险显著降低与发酵奶制品的摄入量有关（OR=0.86，95% CI：0.80～0.92）。在总体比较（OR=0.87，95% CI：0.80～0.95）和队列研究（OR=0.81，95% CI：0.74～0.88）中，酸奶消费显著降低癌症风险。在按癌症类型进行的亚组分析方面，发酵奶制品的摄入量显著降低了膀胱癌、结直肠癌和食道癌的风险。在分层分析中，发现显著降低的结直肠癌风险与奶酪摄入量有关。酸奶消费量显著降低膀胱癌和结直肠癌的风险。这两项荟萃分析表明，发酵奶制品的摄入量与心血管疾病和癌症风险整体降低相关。

2.4.2 内分泌疾病

糖尿病从 2000 年以来病例已经增加了 70%，并在 2019 年成为全球人类第九大死亡原因。2型糖尿病的患病率迅速增加。建议采用健康饮食作为预防或延迟2型糖尿病发作的有效行为之一，奶制品消费已被推荐为健康饮食的一部分。诸多学者都开展了针对奶制品摄入和2型糖尿病的荟萃研究，均发现奶制品总消费量与2型糖尿病风险之间存在显著的负相关（Aune 等，2013；Fan 等，2020；Gao 等，2013；Gijsbers 等，2016），并且每天增加200 g奶制品摄入量，2型糖尿病风险降低3%（Gijsbers 等，2016；Soedamah-Muthu 和 de Goede，2018），每天摄入270 g奶制品时风险最低（Fan 等，2020）。这些荟萃分析中的研究大多针对欧洲和美国，因此有学者开展了关于中国人群的队列研究。1993—1998年针对63 257名年龄45～74岁的中国男性和女性开展了前瞻性队列研究，并确定了2型糖尿病的发生率［95% CI：10.5（10.2～10.8）/（1 000人·年）］。奶制品的摄入与2型糖尿病风险的降低显著相关；与不喝牛奶的人相比，每天喝牛奶的人2型糖尿病风险显著降低12%（Talaei 等，2018）。这与Gijsbers 等（2016）的亚组分析结果类似，即亚洲人群中牛奶消费量与2型糖尿病风险呈现更显著的负相关。

针对3 454名具有高心血管风险的地中海地区老年人群开展4.1年的奶制品消费与2型糖尿病风险之间的队列研究，结果发现奶制品总消费量与2型糖尿病风险呈负相关，且这种关联似乎主要归因于低脂奶制品；酸奶总摄入量与较低的2型糖尿病风险相关，随访期间总低脂奶制品和总酸奶的摄入量增加与2型糖尿病呈负相关。因此，大量奶制品尤其是酸奶的健康饮食模式可能有利于具有心血管疾病风险的老年人预防2型糖尿病（Diaz-Lopez 等，2016）。另外，来自奶制品的脂肪酸（中链、奇数和超长链 SFA 以及反式棕榈油酸）也与降低 2 型糖尿病的患病风险和改善代谢健康有关（Guo 等，2019）。

代谢综合征（MetS）最初由 Reaven 在 1988 年描述为"X 综合征"或"胰岛素抵抗综合征"。其主要特点包括血压升高、腹部肥胖、甘油三酯升高、高密度脂蛋白胆固醇降低和血糖升高。越来越多的证据表明，奶制品可能会影响多种代谢途径并对人体健康产生有益作用。Bhavadharini 等（2020）针对五大洲 21 个国家的 35 岁和 70 岁的 147 812 名个体进行了 9.1 年随访的前瞻性流行病学研究，了解参与者的惯常食物摄入量、个人病史、处方药使用、教育水平和吸烟状况，并定期进行身体指标和血液检测。统计数据表明，①人均奶制品总摄入量为 179.0 g/ 天。欧洲 / 北美、中东和南美地区总奶制品摄入量较高，而南亚、中国、非洲和东南亚的摄入量较低。北美和欧洲的低脂奶制品消耗量高于全脂奶制品，而世界其他地区消耗的全脂奶制品量高于低脂奶制品。②奶制品摄入量较高（至少每日两份）与较低的平均收缩压 / 舒张压、体重指数、腰围及甘油三酯有关，而与高密度脂蛋白及其他心血管危险指标之间无显著相关性。③较高的奶制品总摄入量、全脂奶制品及全脂和低脂奶制品混合摄入量，均与较低的代谢综合征患病率显著相关，不同的奶制品类型（牛奶、酸奶、奶酪和黄油）也显示出与代谢综合征低患病率一定的相关性。奶制品摄入量与代谢综合征之间的关联在奶制品摄入量低（中国、南亚、东南亚和非洲）和奶制品摄入量高（北美 / 欧洲、中东和南美）的地区一致，但低奶制品地区的相关性更强（$P=0.017$）。④较高的奶制品摄入量与高血压和糖尿病的发生率较低均显著相关；当摄入量增加为每日三份时，风险更加降低。全脂奶制品摄入量较高与高血压和糖尿病的低发生率相关，而低脂奶制品摄入量与高血压或糖尿病间无明显相关性。这可能是因为奶制品相关肠道微生物和α-多样性指数与血液甘油三酯呈负相关，而与高密度脂蛋白胆固醇呈正相关（Shuai 等，2021）。因此，食用较多的全脂奶制品，与较低的代谢综合征、高血压及糖尿病患病率显著相关。

2.4.3 消化道疾病

炎症性肠病（inflammatory bowel diseases，IBD），包括克罗恩病（crohn disease，CD）和溃疡性结肠炎（ulcerative colitis，UC），是影响胃肠道的慢性炎症性疾病。Han 等（2020）对 2015 年美国健康访谈调查进行了二次分析，以使用双变量和多变量逻辑回归来表征估测的美国炎症性肠病成年人及其食物摄入量和消费频率，发现牛奶能够降低炎症性肠病的发生率。而另一项针对 401 326 名参与者的前瞻性调查队列研究，通过测量总奶制品消耗量和特定奶制品（牛奶、酸奶和奶酪）的消耗量等，发现与非消费者相比，喝牛奶的个体患克罗恩病的几率显著降低（Opstelten 等，2016）。

2.4.4 病毒感染

乳铁蛋白的抗病毒活性在 1980 年代首次在感染了 Friend 病毒复合体的红细胞增多症诱导株的小鼠中得到证实（Lu 等，1987）。自 20 世纪 90 年代以来，发现被乳铁蛋白抑制的易感病原人类病毒清单已扩大到裸病毒和包膜病毒以及 DNA 和 RNA 病毒等（表

2-2），包括巨细胞病毒、单纯疱疹病毒、艾滋病毒、轮状病毒、脊髓灰质炎病毒、呼吸道合胞病毒、乙型肝炎病毒、丙型肝炎病毒、副流感病毒、甲病毒、汉坦病毒、人乳头瘤病毒、腺病毒、肠道病毒71、埃可病毒6、甲型流感病毒和日本脑炎病毒等。乳铁蛋白的抗病毒机制之前已经阐明（图2-5）。乳铁蛋白抑制病毒进入的能力可能是通过结合细胞表面分子或病毒颗粒，或两者兼而有之。

表2-2　乳铁蛋白在体外、体内和人体中的抗病毒作用

病毒	作用	体外	体内	临床	参考文献
腺病毒	抑制细胞病变效应	√			Wakabayashi等，2014；Ng等，2015
禽流感（H5N1）	抗病毒活性	√			Wakabayashi等，2014；Ng等，2015
柯萨奇病毒A16	抑制细胞病变效应	√			Ng等，2015
巨细胞病毒	抑制病毒复制	√			Ng等，2015
埃可病毒5	抑制结合和复制	√			Wakabayashi等，2014；Ng等，2015
肠道病毒71（EV71）	阻止病毒吸附；提高存活率（小鼠）	√	√	√	Wakabayashi等，2014；Ng等，2015
汉坦病毒	抑制病毒吸附	√			Ng等，2015
hCoV-NL63	抑制病毒进入	√			Milewska等，2014
乙型肝炎病毒	阻止病毒进入	√			Ng等，2015
丙型肝炎病毒	中和病毒，阻止入侵；降低病毒滴度（人类）	√		√	Nozaki等，2003；Kaito等，2007；Ng等，2015

牛奶对健康的双重营养功能——概论

续表

病毒	作用	体外	体内	临床	参考文献
单纯疱疹病毒1和2	阻止病毒进入，抑制复制；防止体重减轻（小鼠）	√	√		Andersen 等，2004；Wakabayashi 等，2014；Ng 等，2015
人乳头瘤病毒	抑制细胞病变效应	√			Sapp 和 Bienkowska-Haba，2009；Wakabayashi 等，2014
HIV	阻止病毒进入，抑制复制	√			Puddu 等，1998；Ng 等，2015
甲型流感（H1N1）	抑制细胞病变效应	√	√		Ng 等，2015
诺如病毒	抑制细胞毒性损伤；减少肠胃炎的发病率和症状（儿童）	√		√	Wakabayashi 等，2014
副流感病毒2型	抑制病毒进入	√			Wakabayashi 等，2014
脊髓灰质炎病毒	抑制细胞病变效应	√			Wakabayashi 等，2014
呼吸道合胞病毒	抑制病毒进入和生长；没有改变病毒载量或疾病严重程度（小鼠）	√	√		Wakabayashi 等，2014
轮状病毒	抑制细胞病变作用；降低流行率和严重程度（儿童）	√		√	Egashira 等，2007；Wakabayashi 等，2014
SARS-CoV（假型）	抑制病毒进入	√			Lang 等，2011
SARS-CoV-2	可能降低感染的严重程度和持续时间，接触预防（人）			√	Serrano 等，2020

资料来源：Chang 等，2020。

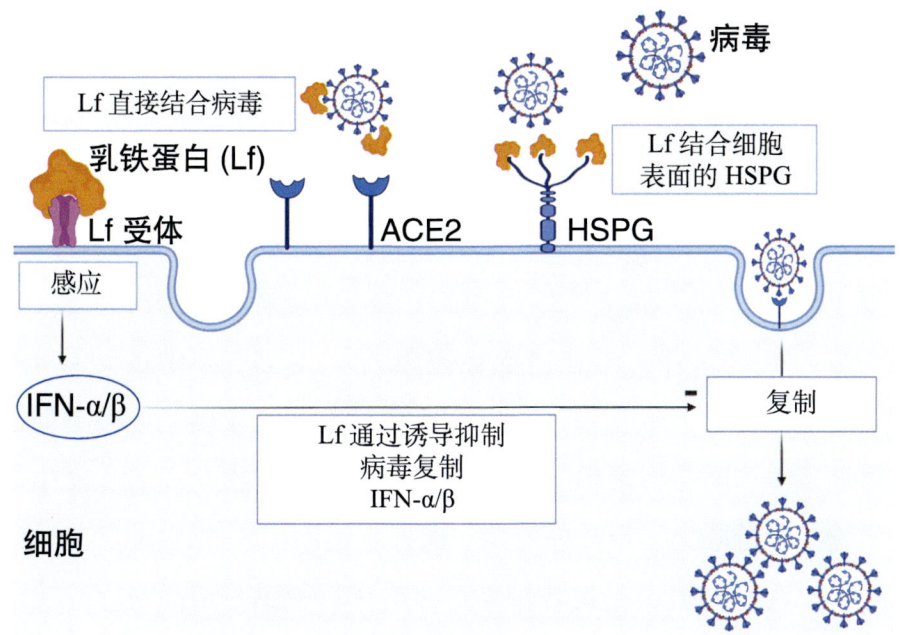

图 2-5 乳铁蛋白的潜在抗病毒机制

注：①乳铁蛋白（Lf）直接结合病毒；②乳铁蛋白结合宿主细胞表面的硫酸乙酰肝素蛋白聚糖（HSPG），减少病毒冲浪和随后的病毒进入；③乳铁蛋白通过诱导细胞内细胞信号抑制病毒复制。ACE2——血管紧张素转换酶 2；Interferon（IFN）——干扰素（Chang 等，2020）。

新冠肺炎疫情暴发以来，用乳铁蛋白治疗新冠肺炎患者的研究亦已开展。通过对 75 名具有典型 COVID-19 症状且 IgM/IgG 快速检测呈阳性的患者进行了一项前瞻性观察研究。患者在家中使用远程系统隔离和治疗，每天复查两次，持续 10 天，并随访至 1 个月。以每天 4～6 剂的剂量口服脂质体牛乳铁蛋白（LLf）营养糖浆食品补充剂（32 mg LLf/10 mL 加上 12 mg 维生素 C），持续 10 天，此外，每天两次或三次以 10 mg/10 mL 的剂量给予锌溶液。对照组包括 12 名仅服用 LLf 的患者。研究发现，LLf 使所有患者（100%）在最初的 4～5 天内完全和快速康复（Serrano 等，2020）。意大利学者则进行了一项临床试验，研究脂质体乳铁蛋白制剂作为补充营养剂在轻中度和无症状 COVID-19 患者中的效果和耐受性。92 名轻度至中度（67/92）和无症状（25/92）COVID-19 患者，根据给药方案分为 3 组：32 名患者，其中 14 名住院患者和 18 名在家中接受了口服和鼻注脂质体牛乳铁蛋白（bLf）；32 名住院患者接受了标准护理治疗（羟氯喹、阿奇霉素和洛匹那韦/地瑞纳韦）；28 名患者在家中接受了治疗基础隔离，没吃任何药。此外，还添加了 32 名 COVID-19 阴性、未治疗的健康受试者作为对照组进行辅助分析。与标准治疗和未治疗的 COVID-19 患者相比，补充 bLf 的 COVID-19 患者获得更早且显著（$P<0.0001$）的阴性转化 [补充 bLf（14.25 天）vs 标准治疗（27.13 天）vs 未治疗（32.61 天）]。此外，与标准治疗和未治疗的 COVID-19 患者相比，补充 bLf 的 COVID-19 患者显示出显著的快速临床症状恢复。此外，在补充 bLf 的患者中，观察到血清铁蛋白或 IL-6 水平或宿主铁过载显著降低，所有表征炎症过程的参数都降低（Campione 等，2020）。因此，乳铁蛋白可以用于治疗新冠病毒感染。

3 小结

牛奶对健康的双重营养功能——概论

我国居民膳食指南强调"食物多样，谷类为主；吃动平衡，健康体重；多吃蔬果、奶类、大豆；适量吃鱼、禽、蛋、瘦肉；少盐少油，控糖限酒；杜绝浪费，兴新食尚。"

牛奶营养丰富、容易消化吸收、物美价廉、食用方便，是最"接近完美的食品"，被称为"白色血液"，是最理想的天然食品之一。在漫长的人类历史中，牛奶是所有饮品中陪伴人类时间最长、与日常生活最密不可分的一种，重要性仅次于水。日本在第二次世界大战结束后提出了"一杯牛奶强壮一个民族"的口号，使得战后一代人的身体素质有了明显的改善。英国前首相丘吉尔曾说："没有什么比得上向儿童提供牛奶更重要！"由此可见，奶类不仅仅具有普通食物的提供能量、脂肪、蛋白、矿物质等"基础营养"作用，更是发挥着"活性营养"的功能，对于身体发育和健康都十分的重要。因此，我们不但要发挥奶类的基础营养功能，更要充分发挥奶类的活性营养功能，树立奶类具有"基础营养"和"活性营养"双重营养功能的科学理念，让奶类为国民营养计划和提高人民生命健康水平发挥更大作用。

参考文献

联合国儿童基金会驻华办事处, 2021. 儿童早期发展: 联合国儿童基金会 2021—2025 年工作重点 [EB/OL]. https://www.unicef.cn/reports/early-childhood-development-ecd.

罗淳, 2017. 关于人口年龄组的重新划分及其蕴意 [J]. 人口研究, 41:16-25.

王加启, 张养东, 郑楠, 2019. 奶与奶制品化学及生物化学 [M]. 北京: 中国农业科学技术出版社.

赵新淮, 于国萍, 张永忠, 等, 2007. 乳品化学 [M]. 北京: 科学出版社.

ALLEN B G, BHATIA S K, ANDERSON C M, et al., 2014. Ketogenic diets as an adjuvant cancer therapy: History and potential mechanism[J]. Redox Biol., 2:963-970.

ANDERSEN J H, JENSSEN H, SANDVIK K, et al., 2004. Anti-HSV activity of lactoferrin and lactoferricin is dependent on the presence of heparan sulphate at the cell surface[J]. J. Med. Virol., 74(2):262-271.

ANDERSON B F, BAKER H M, NORRIS G E, et al., 1990. Apolactoferrin structure demonstrates ligand-induced conformational change in transferrins[J]. Nature, 344(6268):784-787.

ARNOULD V M, SOYEURT H, 2009. Genetic variability of milk fatty acids[J]. J. Appl. Genet., 50(1):29-39.

Association of Diabetes Care and Education Specialists, 2020. 健康饮食 [EB/OL]. https://www.diabeteseducator.org/docs/default-source/living-with-diabetes/tip-sheets/aade7/ADCES7---Chinese-Tip-Sheets/adces7-healthy-eating-chinese.pdf?sfvrsn=2.

AUNE D, NORAT T, ROMUNDSTAD P, et al., 2013. Dairy products and the risk of type 2 diabetes: a systematic review and dose-response meta-analysis of cohort studies[J]. Am. J. Clin. Nutr., 98(4):1066-1083.

BALDI A, IOANNIS P, CHIARA P, et al., 2005. Biological effects of milk proteins and their peptides with emphasis on those related to the gastrointestinal ecosystem[J]. J. Dairy Res., 72:66-72.

BENBROOK C M, DAVIS D R, HEINS B J, et al., 2018. Enhancing the fatty acid profile of milk through forage-based rations, with nutrition modeling of diet outcomes[J]. Food Sci. Nutr., 6(3):681-700.

BHAVADHARINI B, DEHGHAN M, MENTE A, et al., 2020. Association of dairy consumption with metabolic syndrome, hypertension and diabetes in 147 812 individuals from 21 countries[J]. BMJ Open Diabetes Res. Care., 8(1):826.

BRENNA J T, CARLSON S E, 2014. Docosahexaenoic acid and human brain development: evidence that a dietary supply is needed for optimal development[J]. J. Hum. Evol., 77:99–106.

BRUNI N, CAPUCCHIO M T, BIASIBETTI E, et al., 2016. Antimicrobial Activity of Lactoferrin-Related Peptides and Applications in Human and Veterinary Medicine[J]. Molecules, 21(6):752.

BUTLER G, STERGIADIS S, SEAL C, et al., 2011. Fat composition of organic and conventional retail milk in northeast England[J]. J. Dairy Sci., 94(1):24–36.

CAI Q, HUANG H, QIAN D, et al., 2013. 13-methyltetradecanoic acid exhibits anti-tumor activity on T-cell lymphomas *in vitro* and *in vivo* by down-regulating p-AKT and activating caspase-3[J]. PLoS One, 8(6):e65308.

CALDER P C, 2015. Functional Roles of Fatty Acids and Their Effects on Human Health[J]. JPEN J. Parenter. Enteral Nutr., 39(1 Suppl):18S–32S.

CAMPIONE E, LANNA C, COSIO T, et al., 2020. Lactoferrin as potential supplementary nutraceutical agent in COVID-19 patients: *in vitro* and *in vivo* preliminary evidences[EB/J]. bioRxiv:2020.2008.2011. 244996.

CHANETON L, PEREZ SAEZ J M, BUSSMANN L E, 2011. Antimicrobial activity of bovine beta-lactoglobulin against mastitis-causing bacteria[J]. J. Dairy Sci., 94(1):138–145.

CHANG R, NG T B, SUN W Z, 2020. Lactoferrin as potential preventative and adjunct treatment for COVID-19[J]. Int. J. Antimicrob. Agents, 56(3):106118.

CONNEELY O M, 2001. Ant2nflammatory activities of lactoferrin[J]. J. Am. Coll. Nutr. 20(5 Suppl):389S–395S; discussion, 396S–397S.

CROWTHER J M, JAMESON G B, HODGKINSON A J, et al., 2016. Structure, Oligomerisation and Interactions of β-Lactoglobulin. in Milk Proteins-From Structure to Biological Properties and Health Aspects[M]. I. Gigli, ed. IntechOpen, London.

CUI Y, HUANG C, MOMMA H, et al., 2017. Consumption of low-fat dairy, but not whole-fat dairy, is inversely associated with depressive symptoms in Japanese adults[J]. Soc. Psychiatry Psychiatr. Epidemiol., 52(7):847–853.

DEHGHAN M, MENTE A, RANGARAJAN S, et al., 2018. Association of dairy intake with cardiovascular disease and mortality in 21 countries from five continents (PURE): a prospective cohort study[J]. Lancet, 392(10161):2288–2297.

DEN HARTOG G, JACOBINO S, BONT L, et al., 2014. Specificity and Effector Functions of Human RSV-Specific IgG from Bovine Milk[J]. PLoS One, 9(11):e112047.

DESTAILLATS F, TROTTIER J P, GALVEZ J M, et al., 2005. Analysis of alpha-linolenic acid biohydrogenation intermediates in milk fat with emphasis on conjugated linolenic acids[J]. J. Dairy Sci., 88(9):3231–3239.

DIAZ-LOPEZ A, BULLO M, MARTINEZ-GONZALEZ M A, et al., 2016. Dairy product consumption and risk of type 2 diabetes in an elderly Spanish Mediterranean population at high cardiovascular risk[J]. Eur. J.

Nutr., 55(1):349-360.

DOWNER S, BERKOWITZ S A, HARLAN T S, et al., 2020. Food is medicine: actions to integrate food and nutrition into healthcare[J]. BMJ, 369:m2482.

DUROSIER-IZART C, BIVER E, MERMINOD F, et al., 2017. Peripheral skeleton bone strength is positively correlated with total and dairy protein intakes in healthy postmenopausal women[J]. Am. J. Clin. Nutr., 105(2):513-525.

EGASHIRA M, TAKAYANAGI T, MORIUCHI M, et al., 2007. Does daily intake of bovine lactoferrin-containing products ameliorate rotaviral gastroenteritis[J]. Acta Paediatr., 96(8):1242-1244.

FAN M, LI Y, WANG C, et al., 2020. Consumption of Dairy Products in Relation to Type 2 Diabetes Mellitus in Chinese People: The Henan Rural Cohort Study and an Updated Meta-Analysis[J]. Nutrients, 12(12):3827.

FERLAY A, BERNARD L, MEYNADIER A, et al., 2017. Production of trans and conjugated fatty acids in dairy ruminants and their putative effects on human health: A review[J]. Biochimie, 141:107-120.

FESKANICH D, MEYER H E, FUNG T T, et al., 2018. Milk and other dairy foods and risk of hip fracture in men and women[J]. Osteoporos. Int., 29(2):385-396.

FIELD C J, BLEWETT H H, PROCTOR S, et al., 2009. Human health benefits of vaccenic acid[J]. Appl. Physiol. Nutr. Metab., 34(5):979-991.

FISCHER A J, LENNEMANN N J, KRISHNAMURTHY S, et al., 2011. Enhancement of respiratory mucosal antiviral defenses by the oxidation of iodide[J]. Am. J. Respir. Cell Mol. Biol., 45(4):874-881.

FOROUHI N G, KOULMAN A, SHARP S J, et al., 2014. Differences in the prospective association between individual plasma phospholipid saturated fatty acids and incident type 2 diabetes: the EPIC-InterAct case-cohort study[J]. Lancet Diabetes Endocrinol., 2(10):810-818.

FOX P F, UNIACKE-LOWE T, MCSWEENEY P L H, et al., 2015. Milk Proteins. Pages 145-236 in Dairy Chemistry and Biochemistry (Second Edition)[M]. Springer Cham., Switzerland.

GAO D, NING N, WANG C, et al., 2013. Dairy products consumption and risk of type 2 diabetes: systematic review and dose-response meta-analysis[J]. PLoS One, 8(9):e73965.

GBD 2019 Diseases and Injuries Collaborators, 2020. Global burden of 369 diseases and injuries in 204 countries and territories, 1990-2019: a systematic analysis for the Global Burden of Disease Study 2019[J]. Lancet, 396(10258):1204-1222.

GERMAN J B, DILLARD C J, 2006. Composition, structure and absorption of milk lipids: a source of energy, fat-soluble nutrients and bioactive molecules[J]. Crit. Rev. Food Sci. Nutr., 46(1):57-92.

GHOLAMI F, KHORAMDAD M, ESMAILNASAB N, et al., 2017. The effect of dairy consumption on the prevention of cardiovascular diseases: A meta-analysis of prospective studies[J]. J. Cardiovasc Thorac Res., 9(1):1-11.

GIJSBERS L, DING E L, MALIK V S, et al., 2016. Consumption of dairy foods and diabetes incidence: a dose-response meta-analysis of observational studies[J]. Am. J. Clin. Nutr., 103(4):1111-1124.

牛奶对健康的双重营养功能——概论

GIVENS D I, 2012. Milk in the diet: good or bad for vascular disease[J] Proc. Nutr. Soc., 71(1):98–104.

Global Burden of Disease Cancer Collaboration, 2019. Global, Regional, and National Cancer Incidence, Mortality, Years of Life Lost, Years Lived With Disability, and Disability-Adjusted Life-Years for 29 Cancer Groups, 1990 to 2017: A Systematic Analysis for the Global Burden of Disease Study[J]. JAMA Oncol, 5(12):1749–1768.

Global Health 50/50. 2021. The COVID-19 sexs—disaggregated data tracker september update report[EB/OL]. https://globalhealth5050.org/the-sex-gender-and-covid-19-project/the-data-tracker/.

GUO J, ASTRUP A, LOVEGROVE J A, et al., 2017. Milk and dairy consumption and risk of cardiovascular diseases and all-cause mortality: dose-response meta-analysis of prospective cohort studies[J]. Eur. J. Epidemiol., 32(4):269–287.

GUO J, GIVENS D I, ASTRUP A, et al., 2019. The Impact of Dairy Products in the Development of Type 2 Diabetes: Where Does the Evidence Stand in 2019[J]. Adv. Nutr., 10(6):1066–1075.

GUTHOLD R, STEVENS G A, RILEY L M, et al., 2018. Worldwide trends in insufficient physical activity from 2001 to 2016: a pooled analysis of 358 population-based surveys with 1.9 million participants[J]. Lancet Glob. Health, 6(10):e1077–e1086.

HAAG M, 2003. Essential fatty acids and the brain[J]. Can. J. Psychiatry., 48(3):195–203.

HAMPEL H, VERGALLO A, GIORGI F S, et al., 2018. Precision medicine and drug development in Alzheimer's disease: the importance of sexual dimorphism and patient stratification[J]. Front. Neuroendocrinol., 50:31–51.

HAN M K, ANDERSON R, VIENNOIS E, et al., 2020. Examination of food consumption in United States adults and the prevalence of inflammatory bowel disease using National Health Interview Survey 2015[J]. PLoS One, 15(4):e0232157.

HANUS O, SAMKOVA E, KRIZOVA L, et al., 2018. Role of Fatty Acids in Milk Fat and the Influence of Selected Factors on Their Variability-A Review[J]. Molecules, 23(7):1636.

HARDMAN W E, 2002. Omega-3 fatty acids to augment cancer therapy[J]. J. Nutr., 132(11 Suppl):3508S–3512S.

HAUG A, HOSTMARK A T, HARSTAD O M, 2007. Bovine milk in human nutrition—a review[J]. Lipids Health Dis., 6:25.

HAWKES C, RUEL M T, SALM L, et al., 2020. Double-duty actions: seizing programme and policy opportunities to address malnutrition in all its forms[J]. Lancet, 395(10218):142–155.

HERNANDEZ-LEDESMA B, RECIO I, AMIGO L, 2008. Beta-lactoglobulin as source of bioactive peptides[J]. Amino Acids, 35(2):257–265.

HIDAYAT K, CHEN G C, WANG Y, et al., 2018. Effects of milk proteins supplementation in olderadults undergoing resistance training: A meta-analysis of randomized control trials[J]. J. Nutr. Health Aging, 22(2):237–245.

HILIGSMANN M, BURLET N, FARDELLONE P, et al., 2017. Public health impact and economic evaluation of vitamin D-fortified dairy products for fracture prevention in France[J]. Osteoporos. Int., 28(3):833-840.

HOCKEY M, MCGUINNESS A J, MARX W, et al., 2020. Is dairy consumption associated with depressive symptoms or disorders in adults? A systematic review of observational studies[J]. Crit. Rev. Food Sci. Nutr., 60(21):3653-3668.

INAGAKI M, YAMAMOTO M, CAIRANGZHUOMA, et al., 2013. Multiple-dose therapy with bovine colostrum confers significant protection against diarrhea in a mouse model of human rotavirus-induced gastrointestinal disease[J]. J. Dairy Sci., 96(2):806-814.

International Agency for Research on Cancer (IARC), 2021. World Cancer Day: Breast cancer overtakes lung cancer in terms of number of new cancer cases worldwide. IARC showcases key research projects to address breast cancer[R]. Lyon, France.

JENKINS T C, MCGUIRE M A, 2006. Major advances in nutrition: impact on milk composition[J]. J. Dairy Sci., 89(4):1302-1310.

JENSEN R G, 2002. The composition of bovine milk lipids: January 1995 to December 2000[J]. J. Dairy Sci., 85(2):295-350.

JIE L, QI C, SUN J, et al., 2018. The impact of lactation and gestational age on the composition of branched-chain fatty acids in human breast milk[J]. Food Funct., 9(3):1747-1754.

JOHANSON B, 1960. Isolation of an iron-containing red protein from human milk[J]. Acta Chem. Scand., 14:510-512.

JOSSE A R, LUDWA I A, KOUVELIOTI R, et al., 2020. Dairy product intake decreases bone resorption following a 12-week diet and exercise intervention in overweight and obese adolescent girls[J]. Pediatr. Res., 88(6):910-916.

KAITO M, IWASA M, FUJITA N, et al., 2007. Effect of lactoferrin in patients with chronic hepatitis C: combination therapy with interferon and ribavirin[J]. J. Gastroenterol. Hepatol., 22(11):1894-1897.

KALKWARF H J, KHOURY J C, LANPHEAR B P, 2003. Milk intake during childhood and adolescence, adult bone density, and osteoporotic fractures in US women[J]. Am. J. Clin. Nutr., 77(1):257-265.

KARAV S, 2018. Selective deglycosylation of lactoferrin to understand glycans' contribution to antimicrobial activity of lactoferrin[J]. Cell. Mol. Biol. (Noisy-le-grand), 64(9):52-57.

KARAV S, GERMAN J B, ROUQUIE C, et al., 2017. Studying Lactoferrin N-Glycosylation[J]. Int J Mol Sci., 18(4):870.

KELL D B, HEYDEN E L, PRETORIUS E, 2020. The Biology of Lactoferrin, an Iron-Binding Protein That Can Help Defend Against Viruses and Bacteria[J]. Front. Immunol., 11:1221.

KENNEDY A, MARTINEZ K, CHUANG C C, et al., 2009. Saturated fatty acid-mediated inflammation and insulin resistance in adipose tissue: mechanisms of action and implications[J]. J. Nutr., 139(1):1-4.

KENNEDY A, MARTINEZ K, CHUNG S, et al., 2010. Inflammation and insulin resistance induced by trans-10, cis-12 conjugated linoleic acid depend on intracellular calcium levels in primary cultures of human adipocytes[J]. J. Lipid Res., 51(7):1906-1917.

KHAW K T, FRIESEN M D, RIBOLI E, et al., 2012. Plasma phospholipid fatty acid concentration and incident coronary heart disease in men and women: the EPIC-Norfolk prospective study[J]. PLoS Med., 9(7):e1001255.

KICZOROWSKA B, SAMOLINSKA W, MARCZUK J, et al., 2017. Comparative effects of organic, traditional, and intensive production with probiotics on the fatty acid profile of cow's milk[J]. J. Food Compos. Anal., 63:157-163.

KONTOPIDIS G, HOLT C, SAWYER L, 2002. The ligand-binding site of bovine beta-lactoglobulin: evidence for a function[J]. J. Mol. Biol., 318(4):1043-1055.

KONTOPIDIS G, HOLT C, SAWYER L, 2004. Invited review: beta-lactoglobulin: binding properties, structure, and function[J]. J. Dairy Sci., 87(4):785-796.

KOUVELIOTI R, JOSSE A R, KLENTROU P, 2017. Effects of Dairy Consumption on Body Composition and Bone Properties in Youth: A Systematic Review[J]. Curr. Dev. Nutr., 1(8):e001214.

KRAFT J, JETTON T, SATISH B, et al., 2015. Dairy-derived bioactive fatty acids improve pancreatic beta-cell function[J]. FASEB J., 29:608-625.

KROMHOUT D, BLOEMBERG B, FESKENS E, et al., 2000. Saturated fat, vitamin C and smoking predict long-term population all-cause mortality rates in the Seven Countries Study[J]. Int. J. Epidemiol., 29(2):260-265.

LAMARCH B, GIVENS D I, SOEDAMAH-MUTHU S, et al., 2016. Does Milk Consumption Contribute to Cardiometabolic Health and Overall Diet Quality[J]. Can. J. Cardiol., 32(8):1026-1032.

LANG J, YANG N, DENG J, et al., 2011. Inhibition of SARS pseudovirus cell entry by lactoferrin binding to heparan sulfate proteoglycans[J]. PLoS One, 6(8):e23710.

LAU E M, LYNN H, CHAN Y H, et al., 2004. Benefits of milk powder supplementation on bone accretion in Chinese children. Osteoporos[J]. Int., 15(8):654-658.

LERCH S, SHINGFIELD K J, FERLAY A, et al., 2012. Rapeseed or linseed in grass-based diets: effects on conjugated linoleic and conjugated linolenic acid isomers in milk fat from Holstein cows over 2 consecutive lactations[J]. J. Dairy Sci., 95(12):7269-7287.

LEVAY P F, VILJOEN M, 1995. Lactoferrin: a general review[J]. Haematologica, 80(3):252-267.

LI H Y, LI P, YANG H G, et al., 2019. Investigation and comparison of the anti-tumor activities of lactoferrin, alpha-lactalbumin, and beta-lactoglobulin in A549, HT29, HepG2, and MDA231-LM2 tumor models[J]. J. Dairy Sci., 102(11):9586-9597.

LI H Y, LI P, YANG H G, et al., 2020. Investigation and comparison of the protective activities of three functional proteins-lactoferrin, alpha-lactalbumin, and beta-lactoglobulin-in cerebral ischemia reperfusion injury[J]. J. Dairy Sci., 103(6):4895-4906.

LIU J, MA D W, 2014. The role of n-3 polyunsaturated fatty acids in the prevention and treatment of breast cancer[J]. Nutrients, 6(11):5184-5223.

LONNERDAL B, 2003. Nutritional and physiologic significance of human milk proteins[J]. Am. J. Clin. Nutr., 77(6):1537S-1543S.

参考文献

LONNERDAL B, 2013. Bioactive proteins in breast milk[J]. J. Paediatr. Child Health, 49 (S1):1-7.

LU L, HANGOC G, OLIFF A, et al., 1987. Protective influence of lactoferrin on mice infected with the polycythemia-inducing strain of Friend virus complex[J]. Cancer Res., 47(15):4184-4188.

LUKIW W J, CUI J G, MARCHESELLI V L, et al., 2005. A role for docosahexaenoic acid-derived neuroprotectin D1 in neural cell survival and Alzheimer disease[J]. J. Clin. Invest., 115(10):2774-2783.

MANSSON H L, 2008. Fatty acids in bovine milk fat[J]. Food Nutr Res., DOI: 10.3402/fnr.v52i0.1821

MATA LOPEZ P, ORTEGA R M, 2003. Omega-3 fatty acids in the prevention and control of cardiovascular disease[J]. Eur. J. Clin. Nutr., 57 (S1):S22-25.

MCGUIRE M A, BAUMAN D E, 2003. Milk biosynthesis and secretion. Pages 1828-1834 in Encyclopedia of dairy science[M]. H. Roginsky, J. W. Fuquay, and P. F. Fox, ed. Academic Press, New York.

MEIJER K, DE VOS P, PRIEBE M G, 2010. Butyrate and other short-chain fatty acids as modulators of immunity: what relevance for health[J]. Curr. Opin. Clin. Nutr. Metab. Care, 13(6):715-721.

MILEWSKA A, ZAREBSKI M, NOWAK P, et al., 2014. Human coronavirus NL63 utilizes heparan sulfate proteoglycans for attachment to target cells[J]. J. Virol., 88(22):13221-13230.

MILLS S, ROSS R P, HILL C, et al., 2011. Milk intelligence: Mining milk for bioactive substances associated with human health[J]. Int. Dairy J., 21:377-401.

MOON H S, 2014. Biological effects of conjugated linoleic acid on obesity-related cancers[J]. Chem. Biol. Interact, 224:189-195.

MOORE S A, ANDERSON B F, GROOM C R, et al., 1997. Three-dimensional structure of diferric bovine lactoferrin at 2.8 A resolution[J]. J. Mol. Biol., 274(2):222-236.

MUCHENJE V, DZAMA K, CHIMONYO M, et al., 2009. Some biochemical aspects pertaining to beef eating quality and consumer health: A review[J]. Food Chem., 112:279-289.

NG T B, CHEUNG R C, WONG J H, et al., 2015. Antiviral activities of whey proteins[J]. Appl. Microbiol. Biotechnol., 99(17):6997-7008.

NGUYEN Q V, MALAU-ADULI B S, CAVALIERI J, et al., 2019. Enhancing Omega-3 Long-Chain Polyunsaturated Fatty Acid Content of Dairy-Derived Foods for Human Consumption[J]. Nutrients, 11(4):743.

NITTA K, SUGAI S, 1989. The evolution of lysozyme and alpha-lactalbumin[J]. Eur. J. Biochem., 182(1):111-118.

NOZAKI A, IKEDA M, NAGANUMA A, et al., 2003. Identification of a lactoferrin-derived peptide possessing binding activity to hepatitis C virus E2 envelope protein[J]. J. Biol. Chem., 278(12):10162-10173.

NUGENT R, LEVIN C, HALE J, et al., 2020. Economic effects of the double burden of malnutrition[J]. Lancet, 395(10218):156-164.

OPSTELTEN J L, LEENDERS M, DIK V K, et al., 2016. Dairy Products, Dietary Calcium, and Risk of Inflammatory Bowel Disease: Results From a European Prospective Cohort Investigation[J]. Inflamm. Bowel Dis., 22(6):1403-1411.

PARODI P W，1997. Cows' milk fat components as potential anticarcinogenic agents[J]. J. Nutr., 127(6): 1055-1060.

PARODI P W，1999. Conjugated linoleic acid and other anticarcinogenic agents of bovine milk fat[J]. J. Dairy Sci., 82(6):1339-1349.

PARODI P W，2009. Has the association between saturated fatty acids, serum cholesterol and coronary heart disease been over emphasized[J]. Int. Dairy J., 19:345-361.

PELLEGRINI A, THOMAS U, BRAMAZ N, et al., 1999. Isolation and identification of three bactericidal domains in the bovine alpha-lactalbumin molecule[J]. Biochim. Biophys. Acta, 1426(3):439-448.

PERMYAKOV E A, BERLINER L J, 2000. alpha-Lactalbumin: structure and function[J]. FEBS Lett., 473(3):269-274.

PERMYAKOV E A, REYZER I L, BERLINER L J，1993. Effects of Zn(2) on galactosyltransferase activity[J]. J. Protein Chem., 12(5):633-638.

POPKIN B M, CORVALAN C, GRUMMER-STRAWN L M，2020. Dynamics of the double burden of malnutrition and the changing nutrition reality[J]. Lancet, 395(10217):65-74.

POWER O, JAKEMAN P, FITZGERALD R J, 2013. Antioxidative peptides: enzymatic production, *in vitro* and *in vivo* antioxidant activity and potential applications of milk-derived antioxidative peptides[J]. Amino Acids, 44(3):797-820.

PRANGER I G, 2019. Fatty acids as biomarkers for health status and nutritional intake: focus on dairy and fish[D]. Doctor of Philosophy. Rijksuniversiteit Groningen, Groningen.

PUDDU P, BORGHI P, GESSANI S, et al., 1998. Antiviral effect of bovine lactoferrin saturated with metal ions on early steps of human immunodeficiency virus type 1 infection[J]. Int. J. Biochem. Cell Biol., 30(9):1055-1062.

RAN-RESSLER R R, KHAILOVA L, ARGANBRIGHT K M, et al., 2011. Branched chain fatty acids reduce the incidence of necrotizing enterocolitis and alter gastrointestinal microbial ecology in a neonatal rat model[J]. PLoS One, 6(12):e29032.

REN G, CHENG G, WANG J, 2021. Understanding the role of milk in regulating human homeostasis in the context of the COVID-19 global pandemic[J]. Trends Food Sci. Technol., 107:157-160.

RIZZOLI R, BIVER E, BRENNAN-SPERANZA T C, 2021. Nutritional intake and bone health[J]. Lancet Diabetes Endocrinol., 9(9):606-621.

ROTH-WALTER F, PACIOS L F, GOMEZ-CASADO C, et al., 2014. The major cow milk allergen Bos d 5 manipulates T-helper cells depending on its load with siderophore-bound iron[J]. PLoS One, 9(8):e104803.

RUMGAY H, SHIELD K, CHARVAT H, et al., 2021. Global burden of cancer in 2020 attributable to alcohol consumption: a population-based study[J]. Lancet Oncol., 22(8):1071-1080.

SANDERS T A, GLEASON K, GRIFFIN B, et al., 2006. Influence of an algal triacylglycerol containing docosahexaenoic acid (22 : 6n-3) and docosapentaenoic acid (22 : 5n-6) on cardiovascular risk factors in healthy men and women[J]. Br. J. Nutr., 95(3):525-531.

参考文献

SAPP M, BIENKOWSKA-HABA M, 2009. Viral entry mechanisms: human papillomavirus and a long journey from extracellular matrix to the nucleus[J]. FEBS J., 276(24):7206-7216.

SERRANO G, KOCHERGINA I, ALBORS A, et al., 2020. Liposomal Lactoferrin as Potential Preventative and Cure for COVID-19[J]. Int. J. Res. Health Sci., 8(1):8-15.

SHIN K, WAKABAYASHI H, YAMAUCHI K, et al., 2005. Effects of orally administered bovine lactoferrin and lactoperoxidase on influenza virus infection in mice[J]. J. Med. Microbiol., 54(Pt 8):717-723.

SHUAI M, ZUO L S, MIAO Z, et al., 2021. Multi-omics analyses reveal relationships among dairy consumption, gut microbiota and cardiometabolic health[J]. EBio. Medicine, 66:103284.

SIMOPOULOS A P, 2002. The importance of the ratio of omega-6/omega-3 essential fatty acids[J]. Biomed. Pharmacother., 56(8):365-379.

SOEDAMAH-MUTHU S S, DE GOEDE J, 2018. Dairy Consumption and Cardiometabolic Diseases: Systematic Review and Updated Meta-Analyses of Prospective Cohort Studies[J]. Curr. Nutr. Rep., 7(4):171-182.

SORENSEN M, SORENSEN S P L, 1940. The proteins in whey[J]. C. R. Trav. Lab. Carlsb. Ser. Chim., 23:55-99.

TAI C S, CHEN Y Y, CHEN W L, 2016. beta-Lactoglobulin Influences Human Immunity and Promotes Cell Proliferation[J]. Biomed Res. Int., 2016:7123587.

TALAEI M, PAN A, YUAN J M, et al., 2018. Dairy intake and risk of type 2 diabetes[J]. Clin. Nutr., 37(2):712-718.

TILMAN D, CLARK M, 2014. Global diets link environmental sustainability and human health[J]. Nature, 515(7528):518-522.

United Nations (UN), 1981. International Youth Year: Participation, Development, Peace[R].

UNICEF, 1989. Convention on the Rights of the Child text[EB/OL]. https://www.unicef.org/child-rights-convention/convention-text.

UNICEF, 2019. Levels and trends in child mortality 2019, Estimates developed by the UN Inter-agency group for child mortality estimation[EB/OL]. New York. https://www.unicef.org/reports/levels-and-trends-child-mortality-report-2019.

UNICEF, 2020. Levels and trends in child malnutrition: key findings of the 2020 edition[EB/OL]. United Nations Children's Fund, World Health Organization, World Bank Group ed. https://www.unicef.org/reports/joint-child-malnutrition-estimates-levels-and-trends-child-malnutrition-2020.

VAN DER BEEK C M, DEJONG C. H C, TROOST F J, et al., 2017. Role of short-chain fatty acids in colonic inflammation, carcinogenesis, and mucosal protection and healing[J]. Nutr. Rev., 75(4):286-305.

VOGEL H J, 2012. Lactoferrin, a bird's eye view[J]. Biochem. Cell Biol., 90(3):233-244.

WAKABAYASHI H, ODA H, YAMAUCHI K, et al., 2014. Lactoferrin for prevention of common viral infections[J]. J. Infect. Chemother., 20(11):666-671.

WELK A, MELLER C, SCHUBERT R, et al., 2009. Effect of lactoperoxidase on the antimicrobial effectiveness of the thiocyanate hydrogen peroxide combination in a quantitative suspension test[J]. BMC Microbiol., 9:134.

WELLS J C, SAWAYA A L, WIBAEK R, et al., 2020. The double burden of malnutrition: aetiological pathways and consequences for health[J]. Lancet, 395(10217):75–88.

WILLIAMS C M, 2000. Dietary fatty acids and human health[J]. Ann. Zootech., 49:165–180.

WONG J M, DE SOUZA R, KENDALL C W, et al., 2006. Colonic health: fermentation and short chain fatty acids[J]. J. Clin. Gastroenterol., 40(3):235–243.

WONGTANGTINTHARN S, OKU H, IWASAKI H, et al., 2004. Effect of branched–chain fatty acids on fatty acid biosynthesis of human breast cancer cells[J]. J. Nutr. Sci. Vitaminol (Tokyo)., 50(2):137–143.

World Health Organization (WHO), 2017. Depression and Other Common Mental Disorders: Global Health Estimates[R]. Geneva. https://apps.who.int/iris/bitstream/handle/10665/254610/WHO-MSD-MER-2017.2-eng.pdf.

World Health Organization (WHO), 2019. More than one in three low– and middle–income countries face both extremes of malnutrition[R]. Switzerland. https://www.who.int/news/item/16-12-2019-more-than-one-in-three-low--and-middle-income-countries-face-both-extremes-of-malnutrition.

World Health Organization (WHO), 2020a. Healthy diet[R]. Switzerland. https://www.who.int/news-room/fact-sheets/detail/healthy-diet.

World Health Organization (WHO), 2020b. 2020年世界卫生统计：针对可持续发展目标监测卫生状况 [R]. Switzerland. https://apps.who.int/iris/bitstream/handle/10665/332070/9789240011939-chi.pdf?sequence=27&isAllowed=y.

World Health Organization (WHO), 2020c. The top 10 causes of death[R]. https://www.who.int/news-room/fact-sheets/detail/the-top-10-causes-of-death.

World Health Organization (WHO), 2020d. Global Health Estimates 2019: Global Health Estimates: Life expectancy and leading causes of death and disability[R]. Geneva.https://www.who.int/data/gho/data/themes/mortality-and-global-health-estimates.

World Health Organization (WHO), 2021a. World Health Statistics 2021[R]. Switzerland. https://apps.who.int/iris/bitstream/handle/10665/342703/9789240027053-eng.pdf.

World Health Organization (WHO), 2021b. Diabetes[R]. https://www.who.int/news-room/fact-sheets/detail/diabetes.

YANG Z, LIU S, CHEN X, et al., 2000. Induction of apoptotic cell death and *in vivo* growth inhibition of human cancer cells by a saturated branched–chain fatty acid, 13-methyltetradecanoic acid[J]. Cancer Res., 60(3):505–509.

ZHANG K, CHEN X, ZHANG L, et al., 2020. Fermented dairy foods intake and risk of cardiovascular diseases: A meta–analysis of cohort studies[J]. Crit. Rev. Food Sci. Nutr., 60(7):1189–1194.

ZHANG K, DAI H, LIANG W, et al., 2019. Fermented dairy foods intake and risk of cancer[J]. Int. J. Cancer, 144(9):2099–2108.

ZHAO G, ETHERTON T D, MARTIN K R, et al., 2004. Dietary alpha–linolenic acid reduces inflammatory and lipid cardiovascular risk factors in hypercholesterolemic men and women[J]. J. Nutr., 134(11):2991–2997.

致 谢

本书出版得到福建长富乳品有限公司的大力支持。

长富牛奶

全品项巴氏鲜奶

连续获得国家优质乳工程验收

获国家优质乳工程标识授权

喝好奶 喝当天